新工科暨卓越工程师教育培养计划电子信息类专业系列教材
电工电子国家级实验教学示范中心（长江大学）系列教材

丛书顾问/郝　跃

SHUZI XINHAO CHULI MATLAB SHIXIAN YU SHIYAN

# 数字信号处理MATLAB 实现与实验

■ 主　编/李永全　蔡昌新　杨顺辽　孙祥娥

华中科技大学出版社
http://www.hustp.com
中国·武汉

# 内 容 简 介

本书较详细地介绍了数字信号处理的 MATLAB 编程实现及分析验证有关理论的方法。全书共分 8 章,内容包括 MATLAB 基础、离散时间信号的时域、Z 变换、离散傅里叶变换及其应用的 MATLAB 编程实现、数字滤波器的设计及滤波的 MATLAB 编程实现、多采样频率数字信号处理的 MATLAB 编程实现、数字信号处理的典型应用、数字信号处理实验等。

本书可作为高等院校电子信息工程、通信工程、自动控制、计算机应用本科专业理论课程的配套教材和参考书,也可以作为从事信号处理的科技工作者的参考书。

**图书在版编目(CIP)数据**

数字信号处理 Matlab 实现与实验/李永全等主编. —武汉:华中科技大学出版社,2019.8
新工科暨卓越工程师教育培养计划电子信息类专业系列教材
ISBN 978-7-5680-5634-2

Ⅰ.①数… Ⅱ.①李… Ⅲ.①Matlab 软件-应用-数字信号处理-高等学校-教材 Ⅳ.①TN911.72

中国版本图书馆 CIP 数据核字(2019)第 177397 号

**数字信号处理 MATLAB 实现与实验**                                    李永全等  主编
Shuzi Xinhao Chuli MATLAB Shixian yu Shiyan

---

策划编辑:王红梅
责任编辑:朱建丽
封面设计:秦  茹
责任校对:刘  竣
责任监印:徐  露
出版发行:华中科技大学出版社(中国·武汉)          电话:(027)81321913
         武汉市东湖新技术开发区华工科技园          邮编:430223
录    排:武汉市洪山区佳年华文印部
印    刷:武汉华工鑫宏印务有限公司
开    本:787mm×1092mm   1/16
印    张:12.5
字    数:300 千字
版    次:2019 年 8 月第 1 版第 1 次印刷
定    价:34.80 元

---

# 前言

　　"数字信号处理"课程具有较强的理论性,是电子信息类专业的基础课,目前教科书中的主要内容是理论公式的推导,与实际应用的联系不紧密。这就导致了学生在学习本课程时,往往不理解有关处理结果的特点及其必要性,且不理解与其他专业课的相关性。另外,受理论课时限制,教师在授课过程中也不能有太多的时间进行内容的扩展。

　　编写本书的出发点是在学生学习了数字信号处理的有关理论知识后,让学生明白通过编程实现这些理论,并给出有关处理的结果,让学生理解有关处理对信号所造成的影响,从而明白相应处理的作用和意义,在提高学生动手能力的同时,使学生对有关理论有明确直观的认识。因此,在本书中,编者略去了很多理论公式的推导过程,重点突出了实现过程、结果分析,以及由处理结果验证理论的分析方法。

　　MATLAB 用于数字信号处理的教材有很多,但大都是直接调用 MATLAB 中的函数来实现有关信号处理,而这些函数对学生来说是"不可见"的,学生即使依葫芦画瓢编程并得出运行结果,也仍然不明白有关处理的实现方法,一旦脱离了 MATLAB,学生还是不知该如何编程。由于 MATLAB 具有灵活的波形显示,以及强大、方便的向量和矩阵处理功能,因此本书依然采用 MATLAB 编程。但是,在编程实现时,并不是直接调用有关函数,而是依据理论公式,一步步编写程序,然后再与直接调用函数的处理结果相比较。这样处理的好处是,学生根据理论可以容易读懂并理解有关程序,而且当学生采用其他语言编程时,可以较容易地将程序移植过去。当然这样处理也有缺陷,那就是为了让程序和理论一一对应,编写的程序并不漂亮,也不简练,运行效率也不是最高的。但是为了让学生真正理解理论的原理和意义,采用这样的编程方式还是值得的。在学生理解了有关处理的实现方法后,可以再编写出简练且高效的程序。书中有大量的程序,所有程序均编译通过,并配有详细的注释。书中除了用绘图工具绘制的图形外,几乎所有插图均由相应的程序运行生成。学生可以借鉴有关程序,对信号进行处理。

　　本书共分 8 章。第 1 章介绍 MATLAB 基础知识;第 2 章介绍离散时间信号与系统;第 3 章介绍离散时间信号与系统的变换域分析;第 4 章介绍离散傅里叶变换及其快速算法;第 5 章介绍数字滤波器的设计,包括 IIR 数字滤波器和 FIR 数字滤波器的设计方法,以及如何用它们来实现对信号滤波;第 6 章介绍多采样频率数字信号处理;第 7 章介绍数字信号处理的应用,包括语音处理、图像处理等应用领域的基本原理及实现方法;第 8 章介绍 11 个实验。全书列举大量的例题,且有相应的 MATLAB 程序,对运行结果加以详细的分析,并对理论加以验证。

　　本书对采样信号的恢复、快速傅里叶变换算法的推导及有限字长效应等内容没有专门的介绍，当然，并不是说这些内容不重要，而是在理论教材中，对这些内容已经进行了详细的介绍。第 5 章在介绍数字滤波器的设计后，通过一个语音信号，编程实现了用这些滤波器对该信号进行滤波处理，并总结用软件实现滤波过程的方法，这对于让读者理解数字滤波器的作用和性能指标的意义会有所帮助。第 7 章，介绍数字信号处理在语音处理、图像处理中的一些基本应用。读者通过对这些内容的了解，可以明白数字信号处理的重要性和应用的广泛性。当然介绍这些有趣而又典型的应用，如果能引起读者对相关专业课程的兴趣，那将会使编者感到非常高兴。第 8 章介绍 11 个实验，涉及数字信号处理中的大部分重要内容，如卷积、相关、采样、频谱分析、滤波器的设计及滤波过程的实现等。许多实验贯穿数字信号处理始终，这也是极为重要的内容，在多个实验中均有涉及，如采样、傅里叶变换等。这些实验内容的完成，将有助于学生对数字信号处理有一个较完整、全面的认识，当然也能在一定程度上提高学生的动手能力。

本书的第 1、2 章由李永全、蔡昌新编写，第 3、4、7 章由杨顺辽、蔡昌新编写，第 5、6章由李永全、孙祥娥编写，第 8 章由李永全、杨顺辽编写，附录 A 和附录 B 由杨顺辽编写。同时长江大学电子信息学院的许多同事对本书的编写也给予了大力的帮助。本书在编写时参考了许多书籍、资料，编者在此向这些书籍、资料的作者表示衷心的感谢！

由于时间较为紧张，再加上编者的水平有限，对于本书出现的不足之处，恳请读者不吝批评指正，我们将不胜感激！我们的联系方式：李永全的 E-mail 为 yqli. beijing@163.com，蔡昌新的 E-mail 为 caichangxinjpu@126.com，杨顺辽的 E-mail 为 yang-shunliao@yahoo.cn，孙祥娥的 E-mail 为 xinges2000@163.com。

编　者
2018 年 10 月

# 目 录

# 1

# MATLAB 基础知识

## 1.1　MATLAB 简介

### 1.1.1　MATLAB 发展历程

MATLAB 是美国 MathWorks 公司出品的用于算法开发、数据可视化、数据分析及数值计算的高级技术计算语言，主要包括 MATLAB 和 Simulink 两大部分。

MATLAB 是 matrix、laboratory 两个词的组合，意为矩阵工厂（矩阵实验室），是由美国 MathWorks 公司发布的主要面对科学计算、可视化及交互式程序设计的高科技计算语言。它将数值分析、矩阵计算、科学数据可视化及非线性动态系统的建模和仿真等强大功能集成在一个易于使用的视窗环境中，为科学研究、工程设计及必须进行有效数值计算的众多科学领域提供了一种全面的解决方案，并在很大程度上摆脱了传统非交互式程序设计语言（如 C 语言、FORTRAN 语言）的编程模式，代表了当今国际科学计算软件的先进水平。

20 世纪 70 年代，美国新墨西哥大学计算机科学系主任 Cleve Moler 博士及其同事在美国国家基金会的帮助下，开发了 LINPACK 和 EISPACK 的 FORTRAN 语言子程序库，着手用 FORTRAN 语言为学生编写使用 LINPACK 和 EISPACK 的接口程序，他们将这个程序取名为 MATLAB。1984 年，Little、Moler、Steve Bangert 合作创立 MathWorks 公司，正式把 MATLAB 推向市场；1984 年，推出了 MATLAB 第一个商业版本 MATLAB 1.0 版；1992 年，推出了 MATLAB 4.0 版；1996 年，推出了 MATLAB 5.0 版（R8）；2000 年，推出了 MATLAB 6.0 版（R12）；2004 年，推出了 MATLAB 7.0 版（R14）；2006 年 3 月，推出了 MATLAB 7.2 版（R2006a）；2006 年 9 月，推出了 MAT-LAB 7.3 版（R2006b）；2006 年以后每年两个版本，一般 3 月推出 a 版本，9 月推出 b 版本。

MATLAB 的基本数据单位是矩阵，它的指令表达式与数学、工程中常用的形式十分相似，故用 MATLAB 来解决问题要比用 C 语言、FORTRAN 语言等简捷得多，并且 MATLAB 也吸收了像 Maple 等软件的优点，使 MATLAB 成为一个强大的数学软件。在新的版本中也加入了对 C、FORTRAN、C＋＋、JAVA 语言的支持。

## 1.1.2　MATLAB 的主要特点

**1. 数值计算和符号计算功能**

MATLAB 的数值计算功能包括矩阵运算、多项式和有理分式运算、数据统计分析、数值积分、优化处理等。

**2. MATLAB 语言被称为第四代计算机语言**

MATLAB 除了命令行的交互式操作以外,还可以程序方式工作。使用 MATLAB 可以很容易地实现 C 语言或 FORTRAN 语言的几乎全部功能,包括 Windows 图形用户界面的设计。

**3. 图形功能**

MATLAB 提供了两个层次的图形命令:一种是对图形句柄进行的低级图形命令,另一种是建立在低级图形命令之上的高级图形命令。利用 MATLAB 的高级图形命令可以轻而易举地绘制二维、三维,乃至四维图形,并可进行图形和坐标的标识、视角和光照设计、色彩精细控制等。

**4. 应用工具箱**

应用工具箱分为两大类:功能性工具箱和学科性工具箱。功能性工具箱主要用于扩充其符号计算功能、可视建模仿真功能及文字处理功能等。学科性工具箱的专业性比较强,如控制系统工具箱、信号处理工具箱、神经网络工具箱、最优化工具箱、金融工具箱等,用户可以直接利用这些工具箱进行相关领域的科学研究。

## 1.1.3　MATLAB 系统的组成

MATLAB 系统主要包括桌面工具和开发环境开发、MATLAB 数学函数库、MATLAB 语言、图形处理、MATLAB 应用程序界面(API)。

## 1.1.4　MATLAB 的工作界面

MATLAB R2014b 的操作界面十分友好,引入了大量的人机交互按钮并按照一定的规律顺序排列。图 1-1 所示的为 MATLAB R2014b 的默认工作界面,主要有菜单栏、工具栏、命令行窗口、工作区、当前文件夹等部分,用户可以根据自己的习惯通过主页中的“布局”按钮来调整工作界面的布局,也可以直接以鼠标拖曳的方式来调整布局。

## 1.1.5　MATLAB 的命令

MATLAB 的命令窗口是接收用户输入命令及输出数据显示的窗口。当启动 MATLAB 软件时,命令窗口就做好了接收指令和输入的准备,并出现命令提示符(≫)。在命令提示符后输入指令通常会创建一个或多个变量。变量可以是多种类型的,包括函数和字符串,但通常的变量只是数据。这些变量被放置在 MATLAB 的工作空间中,工作空间窗口提供了变量的一些重要信息,包括变量的名称、维数大小、占用内存大小及数据类型等信息。查看工作空间的另一种方法是使用 whos 命令。在命令提示符后输入 whos 命令,工作空间的内容概要将作为输出显示在命令窗口中。

有的命令可以用于清除不必要的数据,同时释放部分系统资源。clear 命令可以用

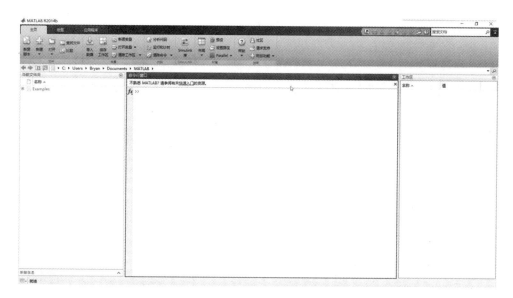

**图 1-1**　MATLAB R2014b 的操作界面

于清除工作空间的所有变量,若要清除某一特定变量则需要在 clear 命令后加上该变量的名称。另外,clc 命令用于清除命令窗口的内容。

若希望将 MATLAB 所创建的变量及重要数据保留下来,则使用 save 命令,并在其后加上文件名,即可将整个工作空间保存为一个扩展名为. mat 的文件。若使用 load 命令,并在其后加上文件名,则可将 MATLAB 数据文件(. mat 文件)中的数据加载到工作空间中。MATLAB 历史命令窗口记录了每次输入的命令。在该窗口中可以对以前的历史命令进行查看、复制或直接运行。

### 1.1.6　MATLAB 的帮助系统

初学者需要掌握的最重要且最有用的命令为 help 命令。MATLAB 命令和函数有数千个,而且许多命令的功能非常强大,调用形式多样。若要想了解一个命令或函数,只需在命令提示符后输入 help 命令,并加上该命令或函数的名称,则 MATLAB 会给出其详细帮助信息。另外,MATLAB 还精心设计了演示程序系统(Demo),其内容包括 MATLAB 的内部主要函数和各个工具箱(Toolbox)的使用。初学者可以方便地通过这些演示程序及其给出的程序源代码进行直观的感受和学习。用户可以通过两种途径打开演示程序系统。一是在命令窗口中输入 demo 或 demos 命令并按"Enter"键;二是选择菜单中的"Help"→"Demos"命令。

## 1.2　MATLAB 数据及其运算

### 1.2.1　MATLAB 数据的特点

MATLAB 数据类型非常丰富,除数值型、字符型等基本数据类型外,还有结构体、单元等更为复杂的数据类型。各种数据类型都以矩阵形式存在,矩阵是 MATLAB 最基本的数据对象,并且矩阵的运算是定义在复数域上的。

### 1.2.2 变量和赋值

#### 1. 变量命名

在 MATLAB 中,变量名是以字母开头,后接字母、数字或下划线的字符序列,最多 63 个字符,如 x、x1、x_1 等变量。在 MATLAB 中,变量名区分字母的大小写,如 addr、Addr 和 ADDR 表示 3 个不同的变量。MATLAB 提供的标准函数名及命令名必须用小写字母表示。

#### 2. 赋值语句

MATLAB 赋值语句有以下两种格式:

(1) 变量= 表达式;

(2) 表达式。

在第(1)种格式下,MATLAB 将右边表达式的值赋给左边的变量,而在第(2)种格式下,将表达式的值赋给 MATLAB 的预定义变量 ans。一般地,运算结果在命令窗口中显示出来。如果在语句的最后加分号,那么,MATLAB 仅仅执行赋值操作,不再显示运算的结果。

在 MATLAB 语句后面可以加上注释,注释用%标识。

例如,计算表达式的值,并将结果赋给变量 x,然后显示出结果。

在 MATLAB 命令窗口中输入命令,即

```
x=(5+cos(47*pi/180))/(1+sqrt(7)-2*i)        % 计算表达式的值
```

### 1.2.3 数据的输出格式

MATLAB 用十进制数表示一个常数,具体可采用日常记数法和科学记数法两种表示方法。

数据输出时用户可以用 format 命令设置或改变数据输出格式。format 命令的格式为

```
format   格式符
```

注意,format 命令只影响数据输出格式,而不影响数据的计算和存储。

### 1.2.4 预定义变量

在 MATLAB 工作空间中,还驻留几个由系统本身定义的变量,如表 1-1 所示。它们有特定的含义,在使用时,应尽量避免对这些变量重新赋值。

表 1-1    MATLAB 预定义的变量

| 变 量 名 | 意 义 |
|---|---|
| ans | 最近的计算结果的变量名 |
| eps | MATLAB 定义的正的极小值为 $2.2204e^{-16}$ |
| pi | 圆周率 $\pi$ |
| inf | $\infty$ |
| i 或 j | 虚数单元 |
| NaN | 非数,即 $0/0$、$\infty/\infty$ |

### 1.2.5　MATLAB 运算

**1. 算术运算**

1）基本算术运算

MATLAB 的基本算术运算有＋(加)、－(减)、＊(乘)、/(右除)、\(左除)、^(乘方)。

注意:运算是在矩阵意义下进行的,单个数据的算术运算只是一种特例。

2）点运算

MATLAB 点运算符有. ＊、. /、. \和. ^。两矩阵进行点运算是指它们的对应元素进行相关运算,要求两矩阵的维参数相同。

3）MATLAB 常用数学函数

MATLAB 提供了许多常用数学函数,如 sin()(正弦函数)、sqrt()(平方根函数)、log()(常用对数函数)、exp()(自然指数函数)、abs()(绝对值函数)等。 函数的自变量规定为矩阵变量,运算法则是将函数逐项作用于矩阵的元素上,因而运算的结果是一个与自变量同维数的矩阵。

**2. 关系运算**

MATLAB 提供了 6 种关系运算符:<(小于)、<＝(不大于)、>(大于)、>＝(不小于)、＝＝(等于)和～＝(不等于)。

**3. 逻辑运算**

MATLAB 提供了 3 种逻辑运算符:&(与)、|(或)和～(非)。

# 1.3　MATLAB 程序流程控制

MATLAB 语言与大多数计算机语言一样,支持各种流程控制结构,常见的流程控制结构有顺序结构、循环结构、分支结构(又称为条件结构)。下面主要介绍常用的流程控制结构。

### 1.3.1　顺序结构

顺序结构是指所有组成程序源代码的语句按照由上至下的次序依次执行,直到程序的最后一条语句的控制结构。

**例 1-1**　输入 a、b 的值,并将它们的值相加后输出。

**解**　程序如下。

```
a=input('Please input a.');
b=input('Please input b.');
c=a+b;
disp(c);
```

程序运行结果如下。

```
Please input a.3
Please input b.4
    7
```

### 1.3.2 循环结构

循环结构就是在程序中重复多次运行某一条语句或多条语句(循环体)的结构。

**1. for…end 循环结构**

for…end 循环结构的语法格式为

```
for 循环变量=初值:增量:终值
    循环体
end
```

当增量为 1 时,增量可以省略。举例如下。

```
for n=1:10
    x(n)=sin(n*pi/10);
end
x
```

程序运行结果如下。

```
x =
  Columns 1 through 7
    0.3090    0.5878    0.8090    0.9511    1.0000    0.9511    0.8090
  Columns 8 through 10
    0.5878    0.3090    0.0000
```

**2. while…end 循环结构**

while…end 循环结构的语法格式为

```
    while 表达式
    循环体
  end
```

例如,计算 1 到 100 之间奇数之和。
程序如下。

```
    sum=0;
    num=1;
    while num<100
        sum=sum+num;
        num=num+2;
    end
    result=sum;
```

程序运行结果如下。

```
result=
2500
```

### 1.3.3　分支结构

分支结构依照不同的条件进行判断,然后根据判断的结果选择某种方法来解决某种问题。

**1. if…else…end 分支结构**

if…else…end 分支结构的语法格式为

```
if 表达式 1
    程序模块 1
elseif 表达式 2
    程序模块 2
…
else
    程序模块 n
end
```

例如,用 if…else…end 分支结构根据当前时间的小时数判断当前是上午、下午还是晚上(这里 6 点~12 点为上午,12 点~18 点为下午,18 点~次日 6 点为晚上)。

程序如下。

```
date=fix(clock);         % 获取当前年、月、日、时、分、秒
hour=date(1,4);          % 获取当前小时数
if hour>=6&&hour<12      % 使用 if…else…end 分支结构判断当前是上午、下午还是晚上
    fprintf('%d点,现在是上午',hour);
else if hour>=12&&hour<18
    fprintf('%d点,现在是下午',hour);
else
    fprintf('%d点,现在是晚上',hour);
end
```

**2. switch…case…end 分支结构**

switch…case…end 分支结构的语法格式为

```
switch 表达式
    case 常量 1
            程序模块 1
    case 常量 2
            程序模块 2
    …
    otherwise
            程序模块 n
end
```

# 1.4　MATLAB 程序设计

MATLAB 的工作方式有以下两种。

（1）交互式的指令操作方式，即用户在命令窗口中输入命令并按下回车键后，系统执行该指令并立即给出运算结果。

（2）M 文件的编程方式，即 M 文件是由 MATLAB 语句构成的文件，且文件名必须以 . m 为扩展名，如 example. m。用户可以用任何文件编辑器来对 M 文件进行编辑。MATLAB 中的 M 文件有 M 脚本文件、M 函数两类。

### 1.4.1 新建 M 文件

在 MATLAB R2014b 中，新建脚本文件可以通过选择"主页"→"新建脚本"命令或选择"主页"→"新建"→"脚本"命令来创建 M 文件。

**例 1-2** 已知信号 $f(t)=2\cos(20\pi t)+5\cos(100\pi t)$，以采样间隔 $T=0.005$ s 采样 2 个不同的时段，即 0.1 s、0.125 s，用 MATLAB 说明"泄露效应"对误差的影响。

**解** 程序如下。

```
clc;
clear;
T0=0.1;
T=0.005;
N0=T0/T;
t=(0:(N0-1))*T;
ft=2*cos(20*pi*t)+5*cos(100*pi*t);
Fr=fft(ft)/N0;
F_r=fftshift(abs(Fr));
r=-N0/2:N0/2-1;
f=r/T0;
stem(f,F_r,'r.');
axis([-0.1 80 0 2.5])
xlabel('Frequency(Hz)');ylabel('|F(j\omega)|');
text(10,2,['T0=',num2str(T0),'s N0=',num2str(N0)]);
```

程序运行的结果如图 1-2 所示，由于 $f(t)$ 的基频为 10 Hz，$f(t)$ 的公共周期为 0.1 s，谱线出现在基频的整数倍上，无泄漏，如图 1-2(a)所示，而图 1-2(b)所示的则出现严重泄漏。

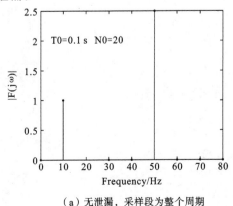

（a）无泄漏，采样段为整个周期

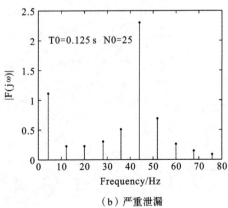

（b）严重泄漏

**图 1-2 泄露引起的误差**

### 1.4.2 新建 M 函数

在 MATLAB R2014b 中,新建 M 文件可以通过选择"主页"→"新建"→"函数"命令来创建 M 函数,M 函数格式为

```
function[ output_args ]=Untitled( input_args )
% 实现代码块
end
```

其中:[outout_args]为输出参数,可有可无。

例如,将例 1-2 中 T0 作为 M 函数的一个参数,即将 T0 作为 myfunction()函数的传入参数,在 main.m 中调用 myfunction()函数以实现例 1-2 的功能。

## 1.5 基本绘图指令

MATLAB 提供了强大的图形绘制功能。在大多数情况下,用户只需要指定绘图的方式,提供绘图数据,利用 MATLAB 提供的丰富的二维、三维图形函数,就可以绘制出所需的图形。

### 1.5.1 绘制二维连续函数

MATLAB 中最常用的绘图函数是 plot(),plot()的命令格式有以下几种。

**1. plot(x)函数**

用 plot(x)函数画向量 x 的曲线,程序如下。

```
x=[1 5 2 7];
plot(x);
```

程序运行结果如图 1-3 所示。

**2. plot(x,y)函数**

用 plot(x,y)函数画向量 x 和 y 的曲线,如绘制正弦曲线 y=sin(x),程序如下。

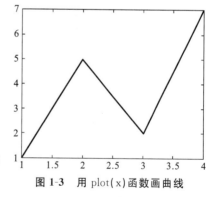

图 1-3 用 plot(x)函数画曲线

```
x=0:0.1:2* pi;      % x 取值范围为[0,2π],每隔 0.1 个单位取一个点
y=sin(x);
plot(x,y);          % 绘制 y=sin(x)曲线
hold on;            % 保持当前绘图和所有轴属性,以便将随后的绘图命令添加到现有图形中
title('y=sin(x)');% 添加图名
```

程序运行结果如图 1-4 所示。

**3. plot(x1,y1,…,xn,yn)函数**

用 plot(x1,y1,…,xn,yn)函数绘制多条曲线,如绘制曲线 y1=sin(x),y2=sin(x+1)+2,程序如下。

```
x=0:0.1:4*pi;
```

```
y1=sin(x);
y2=sin(x+1)+1;
plot(x,y1,x,y2);
```

程序运行结果如图 1-5 所示。

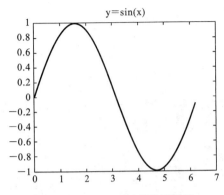

图 1-4　用 plot(x,y) 函数画曲线

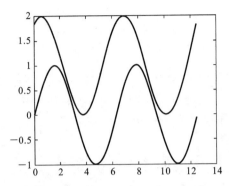

图 1-5　用 plot(x,y) 函数画多条曲线

**4. subplot( )函数**

如果想在一个窗口中画多张曲线图,可以用 subplot()函数,程序如下。

```
x=0:0.1:2*pi;
y1=sin(x);y2=cos(x);y3=sin(x)+1;y4=cos(x)-1;
subplot(2,2,1);plot(x,y1);
subplot(2,2,2);plot(x,y2);
subplot(2,2,3);plot(x,y3);
subplot(2,2,4);plot(x,y4);
```

程序运行结果如图 1-6 所示。

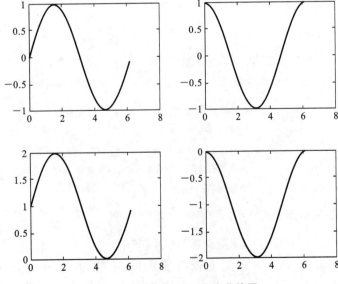

图 1-6　用 subplot( )画多张曲线图

如果想分开画曲线,可以用 figure 命令来同时打开多个窗口,程序如下。

```
x=0:0.1:2*pi;
y1=sin(x);
y2=cos(x);
figure,plot(x,y1);
figure,plot(x,y2);
```

程序运行结果如图 1-7 所示。

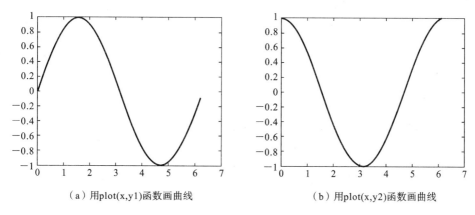

（a）用plot(x,y1)函数画曲线          （b）用plot(x,y2)函数画曲线

图 1-7　用 figure 命令来同时打开多个窗口

### 1.5.2　绘制二维离散序列

在 MATLAB 中,stem()函数实现离散序列的绘制。stem()函数的格式有以下几种。

**1. stem(y)函数**

以 x=1,2,3,…为各点数据的 x 坐标,以 y 向量的各个对应元素为 y 坐标,在(x,y)坐标面画一个空心小圆圈。例如,绘制正弦序列的程序如下。

```
x=0:0.1:2*pi;
y=sin(x);
stem(y);
```

程序运行结果如图 1-8 所示。

**2. stem(x,y,'fill')函数**

以 x 向量的各个元素为 x 坐标,以 y 向量的各个对应元素为 y 坐标,在(x,y)坐标平面画一个实心小圆圈,并连接一条线段到 x 轴。例如,绘制指数序列,程序如下。

```
x=linspace(0,10,20)';
y=(exp(0.25*x));
stem(x,y,'fill')
```

程序运行结果如图 1-9 所示。

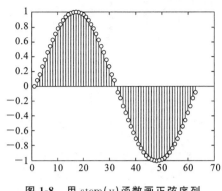 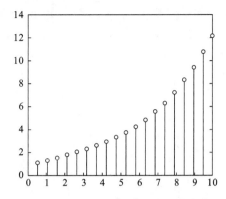

图 1-8　用 stem(y) 函数画正弦序列　　　图 1-9　用 stem(x,y,'fill') 函数画指数序列

### 1.5.3　图形编辑

（1）设置所画曲线的线形、颜色及数据点的形状。

表 1-2 列出了一些常用的参数类型。

表 1-2　常用的参数类型

| 线形 | | 颜色 | | 数据点的形状 | |
|---|---|---|---|---|---|
| 类型 | 符号 | 类型 | 符号 | 类型 | 符号 |
| | | 红色 | r(red) | 实点 | . |
| | | 绿色 | g(green) | 圆圈 | o |
| 实线（默认） | - | 蓝色 | b(blue) | 星号 | * |
| 点线 | : | 青色 | c(cyan) | 十字形 | + |
| 点画线 | -. | 紫色 | m(magenta) | 方块标记 | s |
| 虚线 | -- | 黄色 | y(yellow) | 菱形标记 | d |
| | | 黑色 | k(black) | 五角星标记 | p |
| | | | | 六角星标记 | h |

例如，绘制红色、虚线及星号的正弦曲线 y＝sin(x)，程序如下。

```
x=0:0.1:4*pi;
y=sin(x);
plot(x,y,'r--*');
```

程序运行结果如图 1-10 所示。

（2）图形的标注与修饰。

在 MATLAB 中，axis() 函数用于调整坐标轴，该函数调用格式为

```
axis([xmin xmax ymin ymax])
```

此函数将所画的 x 轴的范围限定为（xmin，xmax），y 轴的范围限定为（ymin，ymax）。

在 MATLAB 中，xlabel()、ylabel() 函数用于给 x、y 轴贴上标签；title() 函数用于给当前图形加上标题。每个 axis() 函数的图形对象可以有一个标题，标题定位于 axis() 函数图形的上方正中央。例如，利用 axis() 函数为正弦曲线 $y＝\sin(x)$ 调整坐标轴，

并对图形进行标注,程序如下。

```
x=0:0.1:4*pi;
y=2*sin(x);
plot(x,y);
axis([0 4*pi-2 2.5]);
text(5,2.2,'正弦曲线');
xlabel('x');ylabel('y');
```

程序运行结果如图 1-11 所示。

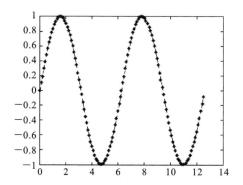

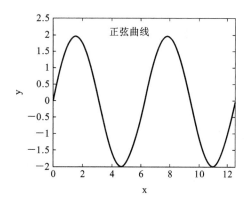

图 1-10  用规定的颜色及线形画正弦曲线

图 1-11  加坐标及标注的正弦曲线

# 2

# 离散时间信号与系统

## 2.1　离散时间信号的产生与时域表示

### 2.1.1　序列的时域表示

离散时间信号在数学上可用时间序列$\{x(n)\}$来表示,其中,$x(n)$代表序列的第$n$个数字,$n$代表时间的序列,$n$的取值范围为$(-\infty,+\infty)$的整数,$n$取其他值时,$x(n)$没有意义。在 MATLAB 中,序列一般从 1 开始取值,举例如下。

```
x=[3 -2 1.5 -0.5 0 0.8 1.9 -3.4];
```

在 MATLAB 中,x 就表示一个序列,x(1)为 3。如要表示 1 以下的样点值,就必须控制坐标,在后面我们会通过举例加以说明,但 MATLAB 中变量值只能大于 0。

若连续信号由封闭的公式来表示,则序列也可以用相应的数学公式加以表示。如对连续信号$x_a(t)$以相等的时间间隔$T_s$采样,可得到序列$x(n)$为

$$x(n)=x_a(t)\big|_{t=nT_s}=x_a(nT_s),\quad n=\cdots,-2,-1,0,1,2,\cdots \tag{2-1}$$

其中:两个相邻样本之间的时间间隔$T_s$称为采样间隔或采样周期。$T_s$的倒数称为采样频率,记为$f_s$,有

$$f_s=1/T_s \tag{2-2}$$

采样频率的单位为 Hz。例如,用 MATLAB 实现对正弦信号$x_a(t)=2\sin(10\pi t)$以$T_s=0.01$ s,即$f_s=100$ Hz 的等间隔采样的 200 个样点的值,程序如下。

```
Ts=0.01;                      % 采样间隔
n=1:200;                      % 采样点数
x=2*sin(10*pi*n*Ts);          % 对正弦信号采样 200 点
```

有时,我们为了能直观地看出序列的结构特点,往往采用图示的表示方法,即将序列以图形的方式加以表示。

**例 2-1**　绘出序列$x(n)=\{3,-2,1.5,-0.5,0,0.8,1.9,-3.4\}$的波形。

**解**　用 MATLAB 绘制波形,程序如下。

```
x=[3 -2 1.5 -0.5 0 0.8 1.9 -3.4];              % 序列 x
```

```
n=-3:4;                          % 横坐标
stem(n,x,'k');                   % 绘制波形
xlabel('n');ylabel('x(n)');axis([-5 5 -4 4]);% 设置坐标轴
```

程序运行结果如图 2-1 所示。

**例 2-2**  绘出对正弦信号 $x_a(t)=2\sin(10\pi t)$ 以 $T_s=0.01$ s，即 $f_s=100$ Hz 的等间隔采样所得序列的波形。

**解**  MATLAB 绘制波形的程序如下。

```
Ts=0.01;                         % 采样间隔
n=0:20;                          % 采样点数
x=2*sin(10*pi*n*Ts);             % 对正弦信号采样 21 个点
stem(n,x, 'k');hold on;          % 绘制序列波形
plot(n,x,'k--');                 % 绘制连续信号波形
xlabel('n');ylabel('x(n)');      % 坐标轴设置
legend('采样序列','连续信号');
```

程序运行结果如图 2-2 所示。由图 2-1 和图 2-2 可以看出，用图示法表示一个序列，比较直观，易显示出其时域特性(如图 2-2 所示的正弦变化规律)。

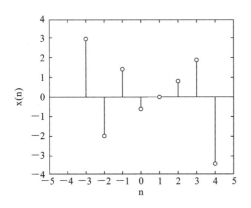

图 2-1  例 2-1 的波形

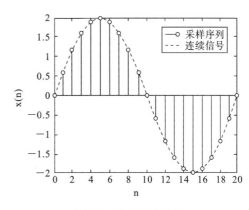

图 2-2  例 2-2 的波形

## 2.1.2  一些常用序列

### 1. 单位冲激序列(单位采样)$\delta(n)$

$$\delta(n)=\begin{cases}1, & n=0 \\ 0, & n\neq 0\end{cases} \tag{2-3}$$

平移 $k$ 个样本的单位冲激序列表示为

$$\delta(n-k)=\begin{cases}1, & n=k \\ 0, & n\neq k\end{cases} \tag{2-4}$$

单位冲激序列的 MATLAB 语句如下。

```
x=[1 0 0 0 0 0 0 0 0 0 0];
n=0:10;
stem(n,x,'k');
xlabel('n');ylabel('δ(n)');axis([0 10 -0.5 1.5]);       % 设置坐标轴
```

```
x=[0 0 0 1 0 0 0 0 0 0 0];
n=0:10;
stem(n,x,'k');
xlabel('n');ylabel('δ(n-3)');axis([0 10 -0.5 1.5]);    % 设置坐标轴
```

程序运行结果如图 2-3 和图 2-4 所示。

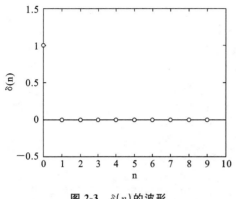

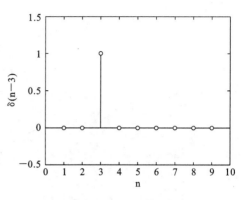

图 2-3　$\delta(n)$ 的波形　　　　　　　　图 2-4　$\delta(n-3)$ 的波形

### 2. 单位阶跃序列 $u(n)$

$$u(n)=\begin{cases}1, & n\geqslant0 \\ 0, & n<0\end{cases} \tag{2-5}$$

单位阶跃序列的特点是,只有当 $n\geqslant0$ 时,$u(n)$ 才取非零值 1;当 $n<0$ 时,$u(n)$ 均取零值。平移 $k$ 个样本的单位阶跃序列表示为

$$u(n-k)=\begin{cases}1, & n\geqslant k \\ 0, & n<k\end{cases} \tag{2-6}$$

单位阶跃序列的 MATLAB 语句如下。

```
x=[1 1 1 1 1 1 1 1 1 1 1];
n=0:10;
stem(n,x,'k');
xlabel('n');ylabel('u(n)');axis([0 10 -0.5 1.5]);    % 设置坐标轴
x=[0 0 0 1 1 1 1 1 1 1 1];
n=0:10;
stem(n,x,'k');
xlabel('n');ylabel('u(n-3)');axis([0 10 -0.5 1.5]);  % 设置坐标轴
```

程序运行结果如图 2-5 和图 2-6 所示。

显然,单位冲激序列 $\delta(n)$ 和 $u(n)$ 间的关系为

$$u(n)=\sum_{k=0}^{+\infty}\delta(n-k), \quad \delta(n)=u(n)-u(n-1) \tag{2-7}$$

即 $u(n)$ 是 $\delta(n)$ 的累加,而 $\delta(n)$ 是 $u(n)$ 的差分。

### 3. 矩形序列

矩形序列 $R_N(n)$ 的定义为

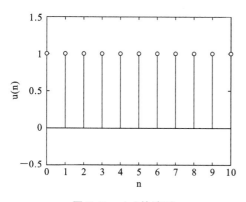

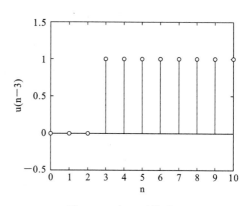

图 2-5　$u(n)$ 的波形　　　　　　　　　图 2-6　$u(n-3)$ 的波形

$$R_N(n) = \begin{cases} 1, & 0 \leqslant n \leqslant N-1 \\ 0, & \text{其他} \end{cases} \tag{2-8}$$

其中：$N$ 为矩形序列的长度。平移 $k$ 个样本的矩形序列表示为

$$R_N(n-k) = \begin{cases} 1, & k \leqslant n \leqslant N+k-1 \\ 0, & \text{其他} \end{cases} \tag{2-9}$$

显然，根据定义可得 $R_N(n)$ 与 $u(n)$ 和 $\delta(n)$ 的关系为

$$R_N(n) = u(n) - u(n-N), \quad R_N(n) = \sum_{k=0}^{N-1} \delta(n-k) \tag{2-10}$$

矩形序列的 MATLAB 语句如下。

```
x=[1 1 1 1 1 1 0 0 0 0 0];
n=0:10;
stem(n,x,'k');
xlabel('n');ylabel(' R6(n) ');axis([0 10 -0.5 1.5]);        % 设置坐标轴
x=[0 0 0 1 1 1 1 1 1 0 0];
n=0:10;
stem(n,x,'k');
xlabel('n');ylabel(' R6(n-3)');axis([0 10 -0.5 1.5]);        % 设置坐标轴
```

程序运行结果如图 2-7 和图 2-8 所示。

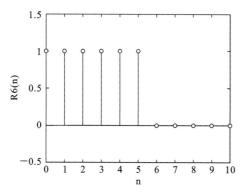

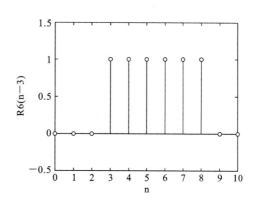

图 2-7　$R_6(n)$ 的波形　　　　　　　　　图 2-8　$R_6(n-3)$ 的波形

**4. 正弦序列和指数序列**

在实际应用中也经常遇到正弦序列，即

$$x(n)=A\cos(\omega_0 n+\varphi), \quad -\infty<n<+\infty \tag{2-11}$$

其中：$A$ 为振幅；$\omega_0$ 为角频率；$\varphi$ 为相位。$A$、$\omega_0$ 和 $\varphi$ 三者均为实数，图 2-2 所示的即为正弦序列。

指数序列是以取实数或复数的 $n$ 次幂作为第 $n$ 个样本值的序列，即

$$x(n)=Aa^n, \quad -\infty<n<+\infty \tag{2-12}$$

其中：$A$ 和 $a$ 为实数或复数。在数字信号处理中用得最多的指数序列为

$$x(n)=|A|e^{(\sigma+j\omega_0)n}, \quad -\infty<n<+\infty \tag{2-13}$$

根据欧拉公式，式(2-13)可变为

$$x(n)=|A|e^{\sigma n}\cos(\omega_0 n)+j|A|e^{\sigma n}\sin(\omega_0 n) \tag{2-14}$$

当 $n>0$ 时，式(2-14)的实部和虚部具有恒定($\sigma=0$)、增长($\sigma>0$)和衰减($\sigma<0$)振幅的实正弦序列。例如，绘制序列 $x(n)=e^{(-0.1+j0.2\pi)n}$ 的实部和虚部的波形，程序如下。

```
n=0:40;
x=exp((-0.1+j*pi*0.2)*n);stem(n,real(x),'k');
xlabel('n');ylabel('实部');axis([0 40 -1 1]);          % 设置坐标轴
stem(n,imag(x),'k');xlabel('n');ylabel('虚部');axis([0 40 -1 1]);
                                                      % 设置坐标轴
```

程序运行结果如图 2-9 所示。

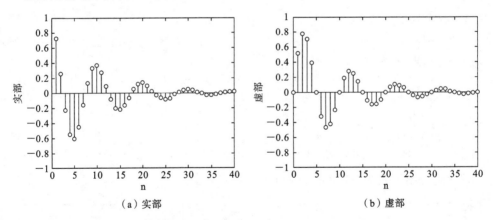

（a）实部　　　　　　　　　　　　　　（b）虚部

**图 2-9　复指数序列 $x(n)=e^{(-0.1+j0.2\pi)n}$ 的实部和虚部的波形**

当 $A$ 和 $a$ 都是实数时，式(2-12)为实指数序列，当 $n\leqslant0$，$|a|<1$ 时，序列值随着 $n$ 的增加而减小；当 $n\leqslant0$，$|a|>1$ 时，序列值随着 $n$ 的增加而增加。

**例 2-3**　绘出序列 $x(n)=0.01\times1.3^n$ 和 $x(n)=20\times0.8^n$ 的波形。

**解**　程序如下。

```
n=0:30;
x=0.01*1.3.^n;                      % 计算x(n),注意变量n作为指数时的计算方式
stem(n,x,'k');
xlabel('n');ylabel('幅度');axis([0 30 0 25]);    % 设置坐标轴
figure
```

```
y=20*0.8.^n;                    % 计算 y(n),注意变量 n 作为指数时的计算方式
stem(n,y,'k');
xlabel('n');ylabel('幅度');axis([0 30 0 25]);   % 设置坐标轴
```

程序运行结果如图 2-10 和图 2-11 所示。在图 2-10 所示波形中,$a=1.3$,随着 $n$ 的增加,序列值增加;在图 2-11 所示波形中,$a=0.8$,随着 $n$ 的增加,序列值减小。

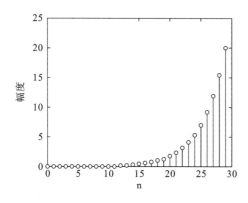
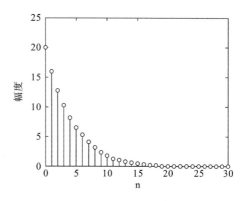

图 2-10　$x(n)=0.01\times1.3^n$ 的波形　　　图 2-11　$x(n)=20\times0.8^n$ 的波形

### 2.1.3　序列的基本运算

序列的基本运算包括序列的移位、反褶、相加、相乘、乘常数等。

**1. 序列的移位**

所谓序列的移位,又称为序列的时移,即

$$y(n)=x(n-m) \tag{2-15}$$

当 $m>0$ 时,序列 $x(n)$ 向右平移 $m$ 位;当 $m<0$ 时,序列 $x(n)$ 向左平移 $m$ 位。

**2. 序列的反褶**

序列的反褶是将序列以 $n=0$ 的纵轴为对称轴进行对褶,即

$$y(n)=x(-n) \tag{2-16}$$

**3. 序列的相加**

序列的相加是指同序号 $n$ 的序列值逐项对应相加,即

$$y(n)=x_1(n)+x_2(n) \tag{2-17}$$

**4. 序列的相乘**

序列的相乘是指同序号 $n$ 的序列值逐项对应相乘,即

$$y(n)=x_1(n)\cdot x_2(n) \tag{2-18}$$

**5. 序列的乘常数**

序列的乘常数是指将序列的每个样本值均乘以一个常数,即

$$y(n)=Ax(n) \tag{2-19}$$

序列与常数相乘,就实现了序列的放大,其功能类似于对模拟信号的增益为 $A$ 的放大器的功能。

例 2-4　用 MATLAB 语句画出下列离散时间信号的波形图。

(1) $x_1(n) = 0.4^n [u(n) - u(n-8)]$;　　(2) $x_2(n) = x_1(n+3)$;

(3) $x_3(n) = x_1(n-2)$;　　(4) $x_4(n) = x_1(-n)$。

**解**　MATLAB 源程序如下。

```
a=0.4;N=8;n=-12:12;
R8=[0 0 0 0 0 0 0 0 0 0 0 0 1 1 1 1 1 1 1 1 0 0 0 0 0];
x=a.^n.*R8;
n1=n;n2=n1-3;n3=n1+2;n4=-n1;
subplot(411)
stem(n1,x,'k'),grid on
xlabel('n');ylabel('x1(n)');axis([-12 12 0 1])
subplot(412)
stem(n2,x,'k'),grid on
xlabel('n');ylabel('x2(n)');axis([-15 9 0 1])
subplot(413)
stem(n3,x,'k'),grid on
xlabel('n');ylabel('x3(n)');axis([-10 14 0 1])
subplot(414)
stem(n4,x,'k'),grid on
xlabel('n');ylabel('x4(n)'),axis([-12 12 0 1])
```

程序运行结果如图 2-12 所示。

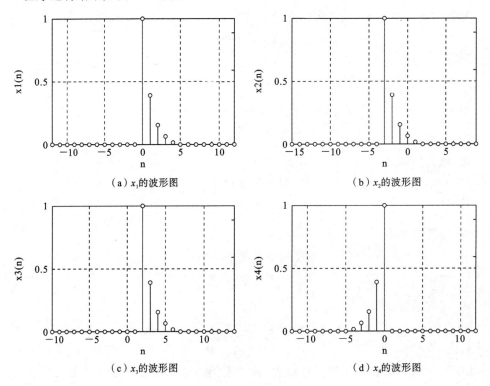

（a）$x_1$ 的波形图　　　　　　　　　　（b）$x_2$ 的波形图

（c）$x_3$ 的波形图　　　　　　　　　　（d）$x_4$ 的波形图

图 2-12　例 2-4 的波形

## 2.2 离散时间系统

一个离散时间系统是将输入序列变换成输出序列的一种系统。若以 $T[\cdot]$ 来表示这种系统的运算,则一个离散时间系统可由图 2-13 所示系统来表示。

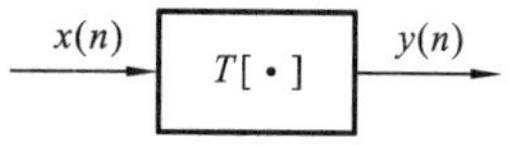

图 2-13 离散时间系统

输出与输入之间关系表示为

$$y(n) = T[x(n)]$$

离散时间系统中最重要、最常用的是线性时不变系统。本书重点讨论的是应用最广泛的线性时不变离散时间系统。

### 2.2.1 离散时间系统的单位脉冲响应表示

线性时不变系统可以由它的单位脉冲响应完全描述,如果知道了一个系统的单位脉冲响应,就可以得到系统对任意输入所做出的输出。

所谓单位脉冲响应,是指单位冲激序列的响应,即输入为单位冲激序列 $\delta(n)$ 时的输出,一般用 $h(n)$ 表示,有

$$h(n) = T[\delta(n)]$$

假设 $h(n)$ 为线性时不变离散时间系统的单位脉冲响应,即输入为 $\delta(n)$ 时系统的响应。假定输入序列为 $x(n) = \{-2, 1.5, -0.5, 0, 0.8, 1.9\}$,则序列 $x(n)$ 可表示为

$$x(n) = -2\delta(n+2) + 1.5\delta(n+1) - 0.5\delta(n) + 0.8\delta(n-2) + 1.9\delta(n-3)$$

由于该离散时间系统是线性时不变系统,所以输出满足叠加性和时不变性。显然,$-2\delta(n+2)$ 的响应就应该是 $-2h(n+2)$,$1.5\delta(n+1)$ 的响应就应该是 $1.5h(n+1)$,依此类推,上述输入 $x(n)$ 的响应为

$$y(n) = -2h(n+2) + 1.5h(n+1) - 0.5h(n) + 0.8h(n-2) + 1.9h(n-3)$$

由上述结果可知,如果将任意序列表示成

$$x(n) = \sum_{m=-\infty}^{+\infty} x(m)\delta(n-m)$$

由于 $x(m)\delta(n-m)$ 的响应为 $x(m)h(n-m)$,因此,离散时间系统对 $x(n)$ 的响应为

$$y(n) = \sum_{m=-\infty}^{+\infty} x(m)h(n-m) = \sum_{m=-\infty}^{+\infty} h(m)x(n-m) \tag{2-20}$$

显然,式(2-20)与卷积的定义式完全相同,即一个线性时不变离散时间系统的响应 $y(n)$ 为输入序列 $x(n)$ 与系统的单位脉冲响应 $h(n)$ 的卷积,即

$$y(n) = x(n) * h(n) \tag{2-21}$$

这其实是卷积运算关系的最初来源,即定义卷积运算的目的就是便于描述系统的输入与输出间的关系。

### 2.2.2 离散时间系统的差分方程表示

线性时不变离散时间系统仅包含常数和序列相乘、序列相加及序列的时延等基本运算单元,因此,单输入单输出线性时不变离散时间系统的输入和输出关系常用常系数线性差分方程来描述,即

$$\sum_{k=0}^{N} a_k y(n-k) = \sum_{k=0}^{M} b_k x(n-k) \qquad (2\text{-}22)$$

式(2-22)还可表示成

$$y(n) = \sum_{k=0}^{M} b_k x(n-k) - \sum_{k=1}^{N} a_k y(n-k) \qquad (2\text{-}23)$$

其中:系数 $a_k$、$b_k$ 和延时阶数 $M$、$N$ 由系统决定。式(2-23)之所以称为常系数线性差分方程,是因为方程的所有系数 $a_k$、$b_k$ 均为常数,而且各 $y(n-k)$ 和各 $x(n-k)$ 项均为一次幂的项。这种描述方式与连续时间线性时不变系统的常系数线性微分方程的描述方式相对应。

## 2.3 序列的卷积运算

两个序列 $x(n)$ 和 $h(n)$ 的卷积定义为

$$y(n) = \sum_{m=-\infty}^{+\infty} x(m)h(n-m) = x(n) * h(n) \qquad (2\text{-}24)$$

其中:符号" $*$ "表示卷积运算。卷积的性质如表 2-1 所示。

**表 2-1 卷积的性质**

| 交换性 | $x(n) * h(n) = h(n) * x(n)$ |
| --- | --- |
| 结合性 | $[x(n) * h_1(n)] * h_2(n) = x(n) * [h_1(n) * h_2(n)]$ |
| 分配性 | $x(n) * [h_1(n) + h_2(n)] = x(n) * h_1(n) + x(n) * h_2(n)$ |

在卷积运算中,若 $x(n)$ 的长度为 $N$,$h(n)$ 的长度为 $M$,则两序列卷积后的序列长度为 $N+M-1$。

**例 2-5** 计算序列 $x(n) = \sin(10\pi n)\,(0 \leqslant n \leqslant 50)$ 和序列 $h(n) = \cos(5\pi n)\,(0 \leqslant n \leqslant 50)$ 的卷积。

**解** 程序如下。

```
N=50;
n=1:N;                          % 采样点数
Ts=0.01;                        % 采样间隔
x=sin(10*pi*n*Ts);              % 采样序列
h=cos(5*pi*n*Ts);               % 采样序列
x1=zeros(100);                  % 定义长度为 100 的零向量,用于补零延长
h1=zeros(100);                  % 定义长度为 100 的零向量,用于补零延长
for n=1:100
    y(n)=0;
    if n<51
        x1(n)=x(n);             % 实现补零延长
        h1(n)=h(n);             % 实现补零延长
    end
    for m=1:n-1
        y(n)=x1(m)*h1(n-m)+y(n);    % 卷积运算
```

```
        end
    end
    stem(y,'k');                        % 绘制序列
    xlabel('n');ylabel('幅度');
```

程序运行结果如图 2-14 所示。

在 MATLAB 语言中,conv() 函数实现两序列的卷积,其部分程序如下。

```
    y=conv(x,h);
    figure
    stem(y,'k');                        % 绘制序列
    xlabel('n');ylabel('幅度');
```

程序运行结果如图 2-15 所示。

显然,图 2-15 所示的和图 2-14 所示的结果完全相同。

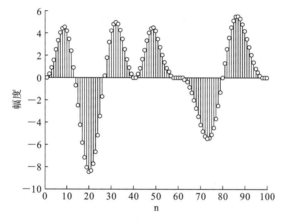

**图 2-14** 例 2-5 的波形

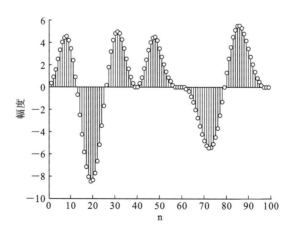

**图 2-15** 例 2-5 用 conv() 函数的波形

## 2.4 序列的相关运算

在实际应用中,有时需要将一个或多个信号与参考信号相比较,以确定它们之间的

相似性,如模式识别的模板匹配。而实际信号会受到噪声的干扰,在噪声中检测信号是为了获得信号的某些特性,这在数字信号处理中具有重要的意义。

互相关运算定义为

$$r_{xy}(m) = \sum_{n=-\infty}^{+\infty} x(n)y(n-m) \tag{2-25}$$

互相关运算是对能量信号 $x(n)$ 和 $y(n)$ 的相似性的度量。参数 $m$ 为时延,表示这两个信号之间的时移。如果 $m$ 为正,那么说明序列 $y(n)$ 相对于参考序列 $x(n)$ 右移了 $m$ 个样本;如果 $m$ 为负,那么说明序列 $y(n)$ 相对于参考序列 $x(n)$ 左移了 $m$ 个样本。式 (2-25) 中的 $r$ 下标 $xy$ 的顺序表示 $x(n)$ 作参考序列,而序列 $y(n)$ 作相对的平移。

若希望 $y(n)$ 作参考序列,而序列 $x(n)$ 作相对的平移,则互相关为

$$r_{yx}(m) = \sum_{n=-\infty}^{+\infty} y(n)x(n-m) = \sum_{k=-\infty}^{+\infty} y(m+k)x(k) = r_{xy}(-m) \tag{2-26}$$

显然,$r_{xy}(m)$ 是 $r_{yx}(m)$ 的时间反转。

**例 2-6** 编写有关序列 $x(n) = \sin(10\pi n)$ 在受到随机噪声干扰后与 $x(n)$ 互相关的程序。

**解** 程序如下。

```
N=50;
n=1:N;                              % 采样点数
Ts=0.01;                            % 采样间隔
x=sin(10*pi*n*Ts);                  % 采样序列
y=x+ rands(1,N);                    % 添加随机噪声
x1=zeros(100);                      % 定义长度为 100 的零向量
y1=zeros(100);                      % 定义长度为 100 的零向量
for n=1:2*N-1
    r(n)=0;
    if n<N+1
        x1(n)=x(n);                 % 实现补零延长
        y1(n)=y(n);                 % 实现补零延长
    end
    for m=1:n-1
        r(n)=x1(m)*y1(n-m)+r(n);    % 计算互相关
    end
end
plot((0:49)*Ts,x,'k--');hold on
plot((0:49)*Ts,y,'k-*');
legend('原始信号','加噪信号');
xlabel('时间/s');
ylabel('幅度');
figure
stem((-(N-1):N-1)*Ts,r,'k');
hold on;
plot((-(N-1):N-1)*Ts,r,'k--');
```

```
xlabel('时间/s');
ylabel('幅度');
```

程序运行结果如图 2-16 所示。

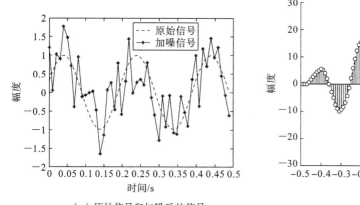

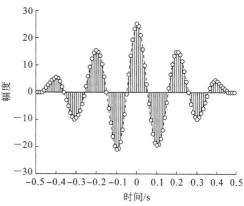

（a）原始信号和加噪后的信号                （b）互相关结果

**图 2-16   序列的互相关运算**

在 MATLAB 中,可以调用 xcorr( )函数来计算互相关,其部分程序如下。

```
r=xcorr(x,y);                          % 计算互相关
stem((0:49)*Ts,r(1:50),'k');hold on
plot((0:49)*Ts,r(1:50),'k--');
xlabel('时间/s');ylabel('幅度');
```

程序运行结果如图 2-17 所示,与图 2-16(b)所示的完全相同。由图 2-16(a)表明,
正弦信号 $x(n)=\sin(10\pi n)$ 在受到噪声干扰后,从时域波形上看具有明显的失真,很难
看出其正弦信号的特性。从图 2-16(b)和图 2-17 所示的互相关结果可以看出,互相关
结果具有原始信号的正弦变化规律,只是幅度发生了变化。但是具有与原始信号相同
的周期和频率,因此,互相关运算具有从噪声中检测出信号的一些特性的作用。

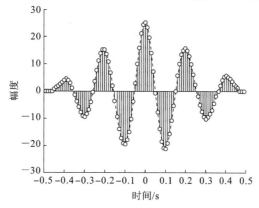

**图 2-17   调用 xcorr( )函数计算序列的互相关**

当互相关的两个序列为同一个序列时,这样的相关就称为自相关,即

$$r_{xx}(m) = \sum_{n=-\infty}^{+\infty} x(n)x(n-m)  \tag{2-27}$$

显然

$$r_{xx}(0) = \sum_{n=-\infty}^{+\infty} x^2(n) = E \tag{2-28}$$

即信号的能量。

计算自相关的程序与计算互相关的程序类似,这里不再给出程序。序列 $x(n) =$ $\sin(10\pi n)$ 在受到随机噪声干扰后的自相关曲线如图 2-18 所示。由图 2-18 可以看出,当 $t=0(m=0)$ 时,自相关的结果最大,即 $r_{xx}(0)$。除了 $r_{xx}(0)$ 外与 $r_{xx}(0)$ 最近的极大值所对应时间即为信号的周期,图 2-18 所示周期为 $0.2$ s,$x(n) = \sin(10\pi n)$ 的周期刚好就是 $0.2$ s。所以自相关运算可以用于检测周期信号的周期,利用这一特点,自相关运算在语音信号处理中常用于检测语音的基音周期。

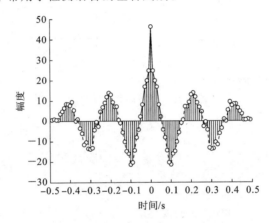

**图 2-18　周期序列自相关运算结果**

对比互相关的定义式(2-25)和卷积的定义式(2-24)可以看出,互相关运算和卷积运算从定义式上很相似,将式(2-25)改写为

$$r_{xy}(m) = \sum_{n=-\infty}^{+\infty} x(n)y(n-m) = \sum_{n=-\infty}^{+\infty} x(n)y[-(m-n)] = x(m) * y(-m)$$

$$\tag{2-29}$$

式(2-29)表明了互相关与卷积运算的关系,因此互相关的运算可以通过卷积运算来得到。下面的语句是用卷积函数 conv() 来计算互相关的程序。

```
N=50;n=1:N;                        % 采样点数
Ts=0.01;                           % 采样间隔
x=sin(10*pi*n*Ts);                 % 采样序列
y=x+rands(1,N);                    % 添加随机噪声
r=conv(x,fliplr(y));
% 调用 conv() 函数计算互相关,fliplr() 为实现反转运算的函数
n=-(N-1):N-1;
stem(n*Ts,r,'k');
xlabel('时间/s');ylabel('幅度');
```

程序运行结果如图 2-19 所示,显然与图 2-16(b)和图 2-17 所示的结果相同。

下面举例说明非周期序列的自相关的特点。

**例 2-7**　计算序列 $x(n) = 0.01\,(1.3)^n$ 的自相关。

**解** 程序如下。

```
n=50;n=1:N;
x=0.01*1.3.^n;                    % 计算 x(n),注意序列作为指数时的计算方式
r=xcorr(x);                       % 计算 x(n),注意序列作为指数时的计算方式
stem(-(N-1):N-1,r,'k');
xlabel('n');ylabel('幅度');
```

程序运行结果如图 2-20 所示,显然,非周期序列的自相关并不具有周期性。但是,$r_{xx}(0)$ 仍然具有最大值的特性。

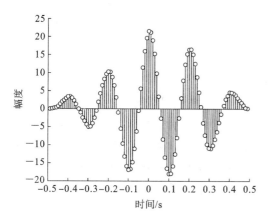

图 2-19　用 conv( )函数计算互相关结果　　　图 2-20　非周期序列的自相关

因此,相关运算具有以下一些特点。

(1) 自相关在时延为 0 处具有最大值,即 $r_{xx}(0)$ 为自相关的最大值,表示序列的能量。

(2) 周期序列的自相关也具有周期性,其周期与序列的周期相同,除了 $r_{xx}(0)$ 外,与 $r_{xx}(0)$ 最近的极大值对应时间即为信号的周期。

(3) 非周期序列的自相关不具有周期性,但 $r_{xx}(0)$ 仍为最大值。

所以相关运算,在数字信号处理中具有重要的作用,既可以用于比较两序列的相似性,也可以用于在噪声背景中检测信号的一些特性,特别是检测周期序列的周期。

为了便于比较和显示,通常将互相关和自相关进行归一化处理,即

$$\rho_{xx} = \frac{r_{xx}(m)}{r_{xx}(0)} \tag{2-30}$$

$$\rho_{xy} = \frac{r_{xy}(m)}{\sqrt{r_{xx}(0)r_{xy}(0)}} \tag{2-31}$$

显然,归一化处理后,互相关和自相关的最大值为 1,出现在时延为 0 处,其他值均小于 1,且归一化后的互相关和自相关与原序列 $x(n)$ 和 $y(n)$ 的值无关。

## 2.5　时域采样

产生序列的一个重要途径是对连续信号进行采样,理想采样过程是求取连续信号 $x_{\mathrm{a}}(t)$ 与冲激函数串 $M(t)$ 的乘积的过程,即

$$M(t) = \sum_{k=-\infty}^{+\infty} \delta(t-kT_s) \tag{2-32}$$

$$\hat{x}_a(t) = x_a(t)M(t) \tag{2-33}$$

其中：$T_s$ 为采样间隔。因此，理想采样过程可以看成是脉冲调制过程，调制信号是连续信号 $x_a(t)$，载波信号是冲激函数串 $M(t)$，显然有

$$\hat{x}_a(t) = \sum_{k=-\infty}^{+\infty} x_a(t)\delta(t-kT_s) = \sum_{k=-\infty}^{+\infty} x_a(kT_s)\delta(t-kT_s) \tag{2-34}$$

所以，$\hat{x}_s(t)$ 实际上是 $x_a(t)$ 在离散时间 $kT_s$ 上的取值的集合，即 $\hat{x}_a(kT_s)$。

对信号采样我们最关心的问题是，信号经过采样后是否会丢失信息，或者说能否不失真地恢复原来的模拟信号。下面从频域出发，根据理想采样信号的频谱 $\hat{X}_a(j\Omega)$ 和原来模拟信号的频谱 $X(j\Omega)$ 之间的关系，来讨论采样不失真的条件，即

$$\hat{X}_a(j\Omega) = \frac{1}{T_s}\sum_{k=-\infty}^{+\infty} X(j\Omega - kj\Omega_s) \tag{2-35}$$

式(2-35)表明，一个连续信号经过理想采样后，其频谱将以采样频率 $\Omega_s = 2\pi/T_s$ 为间隔周期延拓，其频谱的幅度与原模拟信号频谱的幅度相差一个常数因子 $1/T_s$。只要各延拓分量与原频谱分量之间不发生频率上的交叠，就可以完全恢复原来的模拟信号。根据式(2-35)可知，要保证各延拓分量与原频谱分量之间不发生频率上的交叠，就必须满足 $\Omega_s \geqslant 2\Omega$。这就是奈奎斯特采样定理：要想连续信号采样后能够不失真地还原原信号，采样频率必须不小于被采样信号最高频率的 2 倍，即

$$\Omega_s \geqslant 2\Omega_h, \quad \text{或 } f_s \geqslant 2f_h, \quad \text{或 } T_s \leqslant \frac{T_h}{2} \tag{2-36}$$

其中：$\Omega_h$、$f_s$、$T_h$ 分别为被采样模拟信号的最高角频率、频率和最小周期。

由式(2-36)可知，对于最高频率的信号，一个周期内至少要采样 2 个点。

**例 2-8** 试实现对信号 $x_a(t) = \sin(100\pi t)$ 的采样。

**解** 该信号为单一频率的正弦信号，频率为 50 Hz，根据奈奎斯特采样定理，采样频率不能低于 100 Hz，或者采样间隔不能大于 0.01 s。下面的语句是采样间隔分别为 0.01 s、0.009 s、1/150 s、0.001 s 时的程序。

```
n=0:20;                          % 采样点数
Ts=0.01;                         % 采样间隔
x=sin(100*pi*n*Ts);              % 采样序列
stem(n*Ts,x,'k');hold on;
plot(n*Ts,x,'k-');
xlabel('时间/s');ylabel('幅度');
text(0.15,6e-15,'采样间隔 0.01s');
figure
Ts=0.009;                        % 采样间隔
x=sin(100*pi*n*Ts);              % 采样序列
stem(n*Ts,x,'k');hold on;
plot(n*Ts,x,'k-');
xlabel('时间/s');ylabel('幅度');
text(0.07,0.85,'采样间隔 0.009s');
```

```
figure
Ts=1/150;                        % 采样间隔,即 fs 为 150Hz
x=sin(100*pi*n*Ts);             % 采样序列
stem(n*Ts,x,'k');hold on;
plot(n*Ts,x,'k-');
xlabel('时间/s');ylabel('幅度');
text(0.07,0.95,'采样间隔 1/150s');
figure
Ts=0.001;                        % 采样间隔
x=sin(100*pi*n*Ts);             % 采样序列
stem(n*Ts,x,'k');hold on;
plot(n*Ts,x,'k-');
xlabel('时间/s');ylabel('幅度');
text(0.014,0.8,'采样间隔 0.001s');
```

程序运行结果如图 2-21 所示。

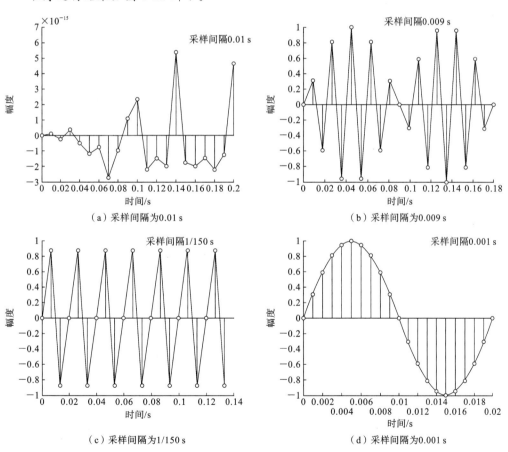

**图 2-21** 不同采样间隔采样 $x_a(t) = \sin(100\pi t)$ 的序列

从图 2-21 可以看出,当采样间隔为 0.01 s 时,序列并不具有正弦规律特性,且幅度非常小($10^{-15}$),这是因为采样频率等于 $2f$,采样点刚好落在了正弦信号的 0 值处。当采样间隔为 0.009 s 时,序列基本具有了正弦变化规律,但幅度还是有一定的失真。当采样间隔为 1/150 s 时,一个周期采样了 3 个点,序列就具有了正弦变化规律,基本没有失真。当采样间隔为 0.001 s 时,一个周期采样了 20 个点,序列具有了标准的正弦规律。

显然,奈奎斯特采样定理所示的采样频率和采样间隔,在对正弦信号采样时,采样频率要大于这一最低的采样频率,或小于这一最大的采样间隔才能不失真地恢复原信号。对正弦信号采样时,一般要求在一个周期至少采样 3 个点,即采样频率 $f_s \geqslant 3f_h$。采样序列的频谱将在第 4 章再进行详细比较。

若采样频率高于奈奎斯特采样频率,则这个采样称为过采样;若采样频率低于奈奎斯特采样频率,则这个采样称为欠采样;若采样频率刚好等于奈奎斯特采样频率,则这个采样称为临界采样。例 2-8 表明,对于正弦信号,应采用过采样来采样。

# 3

# 离散时间信号与系统的变换域分析

## 3.1 序列的 $Z$ 变换及 $Z$ 反变换

序列 $x(n)$ 的 $Z$ 变换定义为

$$X(z) = \sum_{n=-\infty}^{+\infty} x(n) z^{-n} \tag{3-1}$$

式(3-1)称为双边信号 $Z$ 变换。$x(n)$ 为因果序列，$x(n)=0$，$n<0$，则式(3-1)变为

$$X(z) = \sum_{n=0}^{+\infty} x(n) z^{-n} \tag{3-2}$$

式(3-2)称为序列 $x(n)$ 的单边 $Z$ 变换。

定义 $X(z)$ 的 $Z$ 反变换为

$$x(n) = \frac{1}{2\pi j} \oint_C X(z) z^{n-1} dz \tag{3-3}$$

其中：$C$ 为收敛域中一条逆时针环绕原点的闭合曲线。直接计算式(3-3)的围线积分并不方便，常用的 $Z$ 反变换的求解方法有留数法、部分分式展开法和长除法。

MATLAB 符号工具箱提供了计算离散时间信号单边 $Z$ 变换的函数 ztrans() 和 $Z$ 反变换的函数 iztrans()，其语句格式分别为

```
Z=ztrans(x)
x=iztrans(z)
```

其中：$x$ 和 $z$ 分别为时域表达式和 $z$ 域表达式的符号表示，可通过 sym() 函数来实现，其语句格式为

```
x=sym(A)
```

**例 3-1** 试用 ztrans() 函数求下列函数的 $Z$ 变换。

(1) $x(n)=a^n \cos(\pi n) u(n)$；    (2) $x(n)=[2^{n-1}-(-2)^{n-1}] u(n)$。

**解** (1) 调用 MATLAB 中的 ztrans() 函数可以得序列 $Z$ 变换，程序如下。

```
x=sym('a^n*cos(pi*n)');
Z=ztrans(x);
simplify(Z)
```

程序运行结果如下。

```
ans=
    z/(z+ a)
```

(2) 调用 MATLAB 中的 ztrans()函数可以得序列 Z 变换,程序如下。

```
x=sym('2^(n-1)-(-2)^(n-1)');
Z=ztrans(x);
simplify(Z)
```

程序运行结果如下。

```
ans=
    z^2/( z^2-4)
```

**例 3-2** 试用 iztrans()函数求下列函数的 Z 反变换。

(1) $X(z)=\dfrac{8z-19}{z^2-5z+6}$;　　　 (2) $X(z)=\dfrac{2+z^{-1}+z^{-2}}{1+5z^{-1}-6z^{-2}}$。

**解** (1) 调用 MATLAB 中的 iztrans()函数可以得 Z 反变换,程序如下。

```
Z=sym('(2+z^-1+z-2)/(1+5*z^-1-6*z^-2)');
x=iztrans(Z);
simplify(x)
```

程序运行结果如下。

```
ans =
    (3*2^n)/2+ (5*3^n)/3- (19*kroneckerDelta(n, 0))/6
```

其中:kroneckerDelta(n, 0)是 $\delta(n)$ 函数在 MATLAB 符号工具箱中的表示,Z 反变换后的函数形式为

$$x(n)=-\frac{19}{6}\delta(n)+(5\times3^{n-1}+3\times2^{n-1})u(n)$$

(2) 调用 MATLAB 中的 iztrans()函数可以得 Z 反变换,程序如下。

```
Z=sym('z* (2*z^2-11*z+12)/(z-1)/(z-2)^3');
x=iztrans(Z);
simplify(x)
```

程序运行结果如下。

```
ans =
    (67* (-6)^n)/42-kroneckerDelta(n,0)/6+4/7
```

其函数形式为

$$x(n)=\frac{4}{7}u(n)-\frac{67}{42}(-6)^nu(n)-\frac{1}{6}\delta(n)$$

如果信号的 $z$ 域表达式 $X(z)$ 是有理函数,进行 Z 反变换的另一个方法是对 $X(z)$ 进行部分分式展开,然后求各简单分式的 Z 反变换。设 $X(z)$ 的有理分式表示为

$$X(z)=\frac{b_0+b_1z^{-1}+b_2z^{-2}+\cdots+b_mz^{-m}}{1+a_1z^{-1}+a_2z^{-2}+\cdots+a_nz^{-n}}=\frac{B(z)}{A(z)} \tag{3-4}$$

MATLAB 信号处理工具箱提供了一个对 $X(z)$ 进行部分分式展开的 residuez( )函数,其语句格式为

```
[R,P,K]=residuez(B,A)
```

其中:B、A 分别表示 $X(z)$ 的分子与分母多项式的系数向量;R 为部分分式的系数向量;P 为极点向量;K 为多项式的系数。若 $X(z)$ 为有理真分式,则 K 为零。

**例 3-3** 用 MATLAB 确定下面给出的 $Z$ 变换 $X(z)$ 的部分分式展开式。

$$X(z)=\frac{1-z^{-1}}{24-26z^{-1}+9z^{-2}-z^{-3}}$$

**解** 调用 MATLAB 中的 residuez( )函数可以得到部分分式展开,程序如下。

```
num=[1 -1];                       % 分子多项式,按 z 的降幂排列
den=[24 -26 9 -1];                % 分母多项式,按 z 的降幂排列
[r,p]=residuez(num,den);          % 计算部分分式展开的系数和极点
disp('系数');
disp(r');                         % 部分分式展开的系数
disp('极点');
disp(p');                         % 部分分式展开的极点
```

程序运行结果如下。

```
系数
 -0.2500    0.6667   -0.3750
极点
   0.5000    0.3333    0.2500
```

因此,$X(z)$ 的部分分式展开式为

$$X(z)=\frac{-0.25}{1-0.5z^{-1}}+\frac{0.6667}{1-0.3333z^{-1}}+\frac{-0.375}{1-0.25z^{-1}}$$

得到了其部分分式展开式,再根据其收敛域,采用部分分式展开法就可求得 $Z$ 反变换 $x(n)$。若 $Z$ 反变换 $x(n)$ 为因果序列,即收敛域为 $|z|>0.5$,则其 $Z$ 反变换 $x(n)$ 为

$$x(n)=[-0.25\times(0.5)^n+0.6667\times(0.3333)^n-0.375\times(0.25)^n]u(n)$$

**例 3-4** 用 MATLAB 确定下面给出的 $Z$ 变换 $X(z)$ 的 $Z$ 反变换。

$$X(z)=\frac{1-z^{-1}}{24-26z^{-1}+9z^{-2}-z^{-3}},\quad |z|>0.5$$

**解** 调用 MATLAB 中的 impz( )函数可以得到长除法的 $Z$ 反变换,程序如下。

```
num=[1 -1];                       % 分子多项式,按 Z 的降幂排列
den=[24 -26 9 -1];                % 分母多项式,按 Z 的降幂排列
[x,t]=impz(num,den,10);           % 计算长除法的前 10 个系数
disp('长除法得到的系数');
disp(x');                         % 长除法得到的 Z 反变换系数
```

程序运行结果如下。

```
长除法得到的系数
 0.0417    0.0035   -0.0119   -0.0124   -0.0089   -0.0054   -0.0031
-0.0017   -0.0009   -0.0005
```

因此,其 $Z$ 反变换为

$$x(n)=\{0.0417,0.0035,-0.0119,-0.0124,-0.0089,-0.0054,-0.0031,-0.0017,\cdots\}$$

**例 3-5**　用 MATLAB 确定下面给出的 $Z$ 变换 $X(z)$ 的 $Z$ 反变换。

$$X(z)=\frac{1-z^{-1}}{24-26z^{-1}+9z^{-2}-z^{-3}},\quad |z|>0.5$$

**解**　调用 MATLAB 中的 filter() 函数同样可以得到长除法的 $Z$ 反变换,程序如下。

```
num=[1 -1];                    % 分子多项式,按 Z 的降幂排列
den=[24 -26 9 -1];            % 分母多项式,按 Z 的降幂排列
N=10;                          % 计算长除法的前 10 个系数
x=[1 zeros(1,N-1)];           % x 除了第一个为 1 外,其余全为 0,长度为 N
y=filter(num,den,x);          % 计算长除法的系数
disp('长除法得到的系数');
disp(y);                       % 长除法得到的 Z 反变换系数
```

程序运行结果如下。

```
长除法得到的系数
 0.0417    0.0035   -0.0119   -0.0124   -0.0089   -0.0054   -0.0031
-0.0017   -0.0009   -0.0005
```

显然程序运行结果与例 3-4 的完全相同。

## 3.2　序列的傅里叶变换

序列的傅里叶变换为

$$X(e^{j\omega}) = \sum_{n=-\infty}^{+\infty} x(n)e^{-j\omega n} \tag{3-5}$$

显然,序列的傅里叶变换是 $Z$ 变换的一种特殊情况,即在单位圆上的 $Z$ 变换。

序列的傅里叶反变换为

$$x(n) = \frac{1}{2\pi}\int_{-\pi}^{\pi} X(e^{j\omega})e^{j\omega n}\,d\omega \tag{3-6}$$

利用 MATLAB 可以实现离散时间信号的傅里叶变换。

**例 3-6**　用 MATLAB 实现序列 $x(n)=R_5(n)$ 的傅里叶变换。

**解**　程序如下。

```
x=[1,1,1,1,1];
n=0:4;
dot=600;
k=-dot:dot;
w=(pi/dot)*k;
X=x*(exp(-j).^(n'*w));
magX=abs(X);
argX=angle(X);
subplot(2 1 1);
```

```
plot(w/pi,magX);
xlabel('频率/{\pi}');ylabel('|X(e^{ j\omega})|');
title('幅频特性');
subplot(2 1 2);
plot(w/pi,argX/pi);
xlabel('频率/{\pi}/)');ylabel('theta/{\pi}');
title('相频特性');
```

程序运行结果如图 3-1 所示。

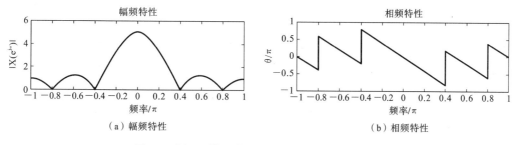

（a）幅频特性　　　　　　　　　　　　　（b）相频特性

**图 3-1　例 3-6 傅里叶变换的幅频特性和相频特性**

## 3.3　离散时间系统的变换域分析

### 3.3.1　系统函数和系统的频率响应

一个线性时不变离散时间系统，可以用单位脉冲响应 $h(n)$ 来表示，输入序列与输出序列间的关系为

$$y(n) = \sum_{m=-\infty}^{+\infty} x(m)h(n-m) = x(n) * h(n) \tag{3-7}$$

也可以用差分方程来表示，即

$$y(n) = \sum_{k=1}^{N} a_k y(n-k) + \sum_{k=0}^{M} b_k x(n-k) \tag{3-8}$$

现对输入序列与输出序列间的关系式两边进行 $Z$ 变换，根据 $Z$ 变换的卷积性质有

$$Y(z) = X(z)H(z)，即 \ H(z) = \frac{Y(z)}{X(z)}$$

其中：$X(z)$、$H(z)$ 和 $Y(z)$ 分别为 $x(n)$、$h(n)$ 和 $y(n)$ 的 $Z$ 变换。现再对差分方程两边进行 $Z$ 变换，根据 $Z$ 变换的线性性和时移性有

$$Y(z) = \sum_{k=1}^{N} a_k Y(z) z^{-k} + \sum_{k=0}^{M} b_k X(z) z^{-k} \tag{3-9}$$

整理式（3-9）得

$$\frac{Y(z)}{X(z)} = \frac{\sum\limits_{k=0}^{M} b_k z^{-k}}{1 - \sum\limits_{k=1}^{N} a_k z^{-k}}$$

根据式（3-9）可得

$$H(z) = \frac{Y(z)}{X(z)} = \frac{\displaystyle\sum_{k=0}^{M} b_k z^{-k}}{1 - \displaystyle\sum_{k=1}^{N} a_k z^{-k}} \tag{3-10}$$

$h(n)$ 的 $Z$ 变换 $H(z)$ 称为离散时间系统的系统函数（又称为转移函数）。根据序列傅里叶变换与 $Z$ 变换之间的关系，将 $H(z)$ 中的 $z$ 换成 $e^{j\omega}$ 可得

$$H(e^{j\omega}) = \frac{Y(e^{j\omega})}{X(e^{j\omega})} = \frac{\displaystyle\sum_{k=0}^{M} b_k e^{-j\omega k}}{1 - \displaystyle\sum_{k=1}^{N} a_k e^{-j\omega k}} \tag{3-11}$$

其中：$H(e^{j\omega})$ 为 $h(n)$ 的序列傅里叶变换，称为系统的频率响应（又称为传输函数）。

人们习惯上往往将式（3-11）表示成实部和虚部或幅度和相位的形式，即

$$H(e^{j\omega}) = \mathrm{Re}[H(e^{j\omega})] + j\mathrm{Im}[H(e^{j\omega})] = |H(e^{j\omega})| e^{j\theta(\omega)} \tag{3-12}$$

其中：$\mathrm{Re}[H(e^{j\omega})]$ 和 $\mathrm{Im}[H(e^{j\omega})]$ 分别为 $H(e^{j\omega})$ 的实部和虚部；$|H(e^{j\omega})|$ 和 $\theta(\omega)$ 为 $H(e^{j\omega})$ 的幅度响应和相位响应；$\theta(\omega)$ 为

$$\theta(\omega) = \arctan\left\{\frac{\mathrm{Im}[H(e^{j\omega})]}{\mathrm{Re}[H(e^{j\omega})]}\right\}$$

**例 3-7**　用 MATLAB 实现系统 $h(n) = 0.6^n u(n)$ 的频率响应。

**解**　程序如下。

```
dot=600;
k=0:2*dot;
w=(pi/dot)*k;
X=1./(1-0.6*(exp(-j*w)));
magX=abs(X);
argX=angle(X);
subplot(2,1,1);
plot(w/pi,magX);
xlabel('频率/{\pi}');ylabel('|X(e^{ j\omega})|');
title('幅频特性');
subplot(2,1,2);
plot(w/pi,argX/pi);
xlabel('频率/{\pi}/)');ylabel('theta/{\pi}');
title('相频特性');
```

程序运行结果如图 3-2 所示。

### 3.3.2　系统函数的零点、极点分析

**例 3-8**　试确定如下系统函数的零点、极点。

$$H(z) = \frac{1 - 2.4z^{-1} + 2.88z^{-2}}{1 - 0.8z^{-1} + 0.64z^{-2}}$$

**解**　在 MATLAB 中，tf2zp() 函数可以确定系统函数的零点、极点，zplane() 函数可以绘出零点、极点分布图，程序如下。

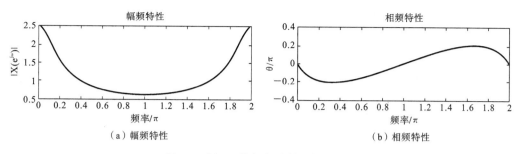

（a）幅频特性　　　　　　　　　（b）相频特性

**图 3-2　例 3-7 的幅频特性和相频特性**

```
num=[1-2.4 2.88];              % 分子多项式系数
den=[1-0.8 0.64];              % 分母多项式系数
[z,p]=tf2zp(num,den);          % 得到零点 z 和极点 p
disp('零点');disp(z);           % 显示零点
disp('极点');disp(p);           % 显示极点
zplane(num,den);               % 绘制零点、极点图
```

程序运行结果如下。

　　零点

　　　　1.2000+1.2000i

　　　　1.2000-1.2000i

　　极点

　　　　0.4000+0.6928i

　　　　0.4000-0.6928i

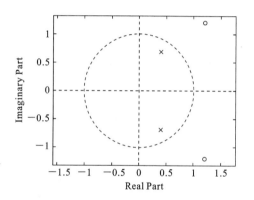

图 3-3 所示的为例 3-8 的零点、极点分布图。图中横坐标为实部，纵坐标为虚部，虚线圆为单位圆，"×"表示极点所在位置，"o"表示零点所在位置。

**图 3-3　例 3-8 的零点、极点分布图**

**例 3-9**　已知一个系统函数的极点为 $p_1=0.2$，$p_2=0.3+0.6j$，$p_3=0.25-0.6j$，$p_4=0.4-0.75j$，零点位置为 $z_1=-0.78$，$z_2=0.83+0.46j$，$z_3=0.55-0.34j$，$z_4=-1.4-0.88j$，增益常数 $k=3.4$，试确定该系统的系统函数 $H(z)$。

**解**　在 MATLAB 中，zp2tf()函数可以根据零点、极点和增益常数得到系统函数，程序如下。

```
z=[-0.78 0.83+0.46j 0.55-0.34j-1.4-0.88j];   % 零点
p=[0.2 0.3+0.6j 0.25-0.6j 0.4-0.75j];         % 极点
k=3.4;                                         % 增益
[num,den]=zp2tf(z',p',k);                      % 得到分子、分母多项式系数
disp('分子多项式系数');disp(num);               % 显示分子多项式系数
disp('分母多项式系数');disp(den);               % 显示分母多项式系数
zplane(z',p');                                 % 绘制零点、极点分布图
```

程序运行结果如下。

　　分子多项式系数

```
   3.4000    2.7200    -4.0729   -0.2134     2.3437
```
分母多项式系数
```
   1.0000   -1.1500     0.8450   -0.2825     0.0303
```

即 $H(z)$ 的表达式为

$$H(z)=\frac{3.4+2.72z^{-1}-4.0729z^{-2}-0.2134z^{-3}+2.3437z^{-4}}{1-1.15z^{-1}+0.845z^{-2}-0.2825z^{-3}+0.0303z^{-4}}$$

图 3-4 所示的为例 3-9 的零点、极点分布图。

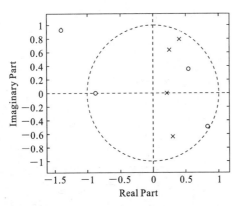

**图 3-4** 例 3-9 的零点、极点分布图

零点、极点的个数和位置对系统频率响应将产生很大的影响。由于序列的傅里叶变换是在单位圆上进行的 $Z$ 变换,所以系统的频率响应中 $\omega$ 是逆时针在单位圆上绕原点变化的。当变量 $\omega$ 处于离极点较近的位置时,系统的频率响应的幅度将出现极大值。而当变量 $\omega$ 处于离零点较近的位置时,系统频率响应的幅度将出现极小值。因此,根据系统的零点、极点位置,就可以大致估计出该系统的频率响应幅度变化规律。

比如,根据例 3-9 的零点、极点分布图可以看出,在 $\omega$ 大约为 $\pi/3$ 处,离极点位置较近。当 $\omega=\pi/3$ 时,该系统频率响应幅度会有一个峰值;随着 $\omega$ 的增加,离极点越来越远,而离左边的两个零点越来越近,系统频率响应的幅度将逐渐减小;当 $\omega=\pi$ 时,幅度达到极小值。下面通过例 3-10 加以验证。

**例 3-10** 已知一个系统的系统函数为

$$H(z)=\frac{0.08-0.033z^{-1}+0.05z^{-2}-0.33z^{-3}+0.08z^{-4}}{1+2.37z^{-1}+2.7z^{-2}+1.6z^{-3}+0.41z^{-4}}$$

试确定其零点、极点,并绘制系统响应曲线。

**解** 在 MATLAB 中,可以用 freqz() 函数得到系统频率响应,程序如下。

```
num=[0.08 -0.033 0.05 -0.033 0.08];              % 分子多项式系数
den=[1 2.37 2.7 1.6 0.41];                       % 分母多项式系数
[z,p]=tf2zp(num,den);                            % 得到零点 z 和极点 p
disp('零点');disp(z);                             % 显示零点
disp('极点');disp(p);                             % 显示极点
w=0:pi/1023:pi;                                  % 给出频率点位置
h=freqz(num,den,w);                              % 得到系统频率响应
subplot(2,2,1)
plot(w/pi,real(h),'k');grid;                     % 绘制频率响应实部
text(0.42,1.7,'实部');
xlabel('\omega/\pi');ylabel('幅度');
subplot(2,2,2)
plot(w/pi,imag(h),'k');grid;                     % 绘制频率响应虚部
text(0.42,1.7,'虚部');xlabel('\omega/\pi');ylabel('幅度');
subplot(2,2,3);plot(w/pi,abs(h),'k');grid;       % 绘制频率响应幅度
```

```
text(0.42,1.7,'幅度谱');xlabel('\omega/\pi');ylabel('幅度/dB');
subplot(2,2,4);plot(w/pi,angle(h),'k');grid;          % 绘制频率响应相位
text(0.42,3.3,'相位谱');xlabel('\omega/\pi');ylabel('相位(弧度)');
figure
subplot(2,1,1);zplane(num,den);                       % 绘制零点、极点图
subplot(2,1,2);plot(w/pi,20*log10(abs(h)),'k');grid;
% 绘制频率响应衰减幅度
text(0.42,1.7,'幅度谱');
xlabel('\omega/\pi');ylabel('幅度/dB');
```

程序运行结果如下。

```
零点
 -0.4922+0.8705j
 -0.4922-0.8705j
  0.6984+0.7157j
  0.6984-0.7157j
极点
 -0.5230+0.7305j
 -0.5230-0.7305j
 -0.6620+0.2640j
 -0.6620-0.2640j
```

图 3-5 所示的分别为该系统频率响应的实部、虚部、幅度、相位、零点、极点分布图和频率响应的幅度衰减特性。

下面我们根据零点、极点及其分布图来验证频率响应幅度的变化规律。

该系统共有 4 个零点和 4 个极点，其中，2 个极点和 2 个零点位于横坐标上方，另外的零点、极点位于横坐标的下方。根据奈奎斯特采样定理可知，$\omega$ 最大只能取到 $\pi$。下面我们来讨论 $\omega$ 为 $0 \sim \pi$ 时的频率响应幅度的变化规律，即只考虑位于横坐标上方的零点、极点对频率响应幅度的影响。

根据程序运行结果，位于横坐标上方的 2 个零点分别是 $-0.4922+0.8705j$ 和 $0.6984+0.7157j$，位于横坐标上方的 2 个极点是 $-0.5230+0.7305j$ 和 $-0.6620+0.2640j$，它们是 $H(z)$ 的零点、极点，显然也是 $H(\mathrm{e}^{\mathrm{j}\omega})$ 的零点、极点，所以在零点处 $\mathrm{e}^{\mathrm{j}\omega}$ 使得系统频率响应为 0，在极点处 $\mathrm{e}^{\mathrm{j}\omega}$ 使得系统的频率响应为无穷大。根据 $Z$ 变换与序列傅里叶变换的关系

$$z = \mathrm{e}^{\mathrm{j}\omega}$$

有

$$\omega = \arctan\left[\frac{\mathrm{Im}(z)}{\mathrm{Re}(z)}\right]$$

其中：$\mathrm{Im}(z)$ 表示 $z$ 的虚部；$\mathrm{Re}(z)$ 表示 $z$ 的实部。为了使得计算出的 $\omega$ 为 $0 \sim \pi$，当计算结果小于 0 时，应在结果上加上 $\pi$。如零点 $-0.4922+0.8705j$ 对应的 $\omega$ 为

$$\omega = \arctan\left(\frac{0.8705}{-0.4922}\right) = -1.0501$$

$$-1.0501/\pi = -0.3343$$

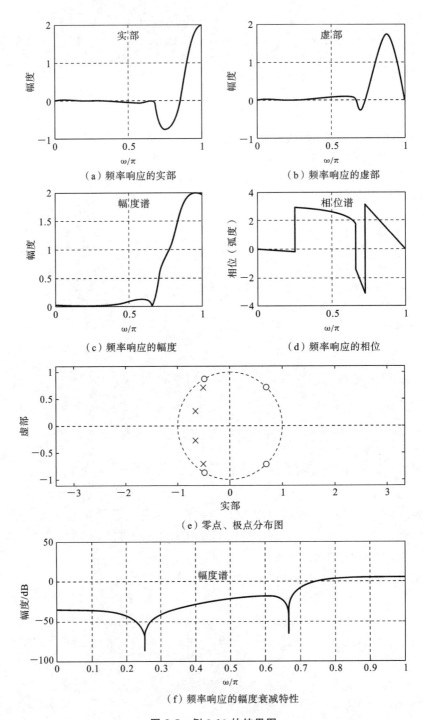

(a) 频率响应的实部

(b) 频率响应的虚部

(c) 频率响应的幅度

(d) 频率响应的相位

(e) 零点、极点分布图

(f) 频率响应的幅度衰减特性

**图 3-5 例 3-10 的结果图**

即零点 $-0.4922+0.8705j$ 对应的 $\omega$ 为 $-0.3343\pi$。因为小于 0，所以实际对应的 $\omega$ 为

$$\pi+(-0.3343\pi)=0.6657\pi$$

同理可得，零点 $0.6984+0.7157j$ 对应的 $\omega$ 为 $0.2539\pi$，极点 $-0.5230+0.7305j$ 对应的 $\omega$ 为 $0.6978\pi$，极点 $-0.6620+0.2640j$ 对应的 $\omega$ 为 $0.8792\pi$。

根据零点、极点分布情况，系统的频率响应在 $0.6657\pi$ 和 $0.2539\pi$ 处出现极小值，

在 $0.6978\pi$ 和 $0.8792\pi$ 处出现极大值。显然估计结果与图 3-5(b)所示频率响应幅度的衰减特性是一致的。在零点 $0.6657\pi$ 处的衰减小于 $0.2539\pi$ 处的,原因是在 $0.6657\pi$ 附近有一个极点 $0.6978\pi$,使得零点处的衰减和极点处的峰值在一定程度相互抵消了。

由图 3-5(b)可看出,该系统具有高通滤波器的特性,极点位置位于 $\pi$ 附近,零点位置靠近 0 附近。显然,若设定一个系统的极点靠近 0,而零点靠近 $\pi$ 附近,则系统具有低通滤波器特性。下面通过例 3-11 加以验证。

**例 3-11**  已知一个系统函数的极点为 $0.7+0.2j, 0.44+0.84j, 0.7-0.2j, 0.44-0.44j$,零点为 $0.42+0.9j, -0.89+0.33j, 0.42-0.9j, -0.89-0.33j$,试绘出该系统的频率响应幅度曲线。

**解**  在 MATLAB 中,zp2tf( )函数可以根据零点、极点得到系统的分子、分母多项式系数,程序如下。

```
z=[0.42+0.9j-0.89+0.33j 0.42-0.9j-0.89-0.33j];     % 零点
p=[0.7+0.2j 0.44+0.84j 0.7-0.2j 0.44-0.44j];       % 极点
k=1;                                                % 增益
[num,den]=zp2tf(z',p',k);                           % 得到分子、分母多项式系数
subplot(2,1,1)
zplane(num,den);                                    % 绘制零点、极点图
w=0:pi/1023:pi;                                     % 给出频率点位置
h=freqz(num,den,w);                                 % 得到系统频率响应
subplot(2,1,2)
plot(w/pi,20*log10(abs(h)/abs(h(1))),'k');grid;     % 绘制频率响应衰减幅度
text(0.42,1.7,'幅度谱');
xlabel('\omega/\pi');ylabel('幅度/dB');
```

程序运行结果如图 3-6 所示,显然,例 3-11 的系统频率响应具有低通特性。当然,该低通滤波器的幅度特性并不很理想,可以通过调整零点、极点的个数和位置来得到较理想的滤波器特性。

因此,系统的零点、极点分布决定系统的频率响应。

**例 3-12**  已知一个系统的系统函数为

$$H(z)=1+0.5z^{-1}-0.66z^{-2}-0.87z^{-3}+0.39z^{-4}+0.92z^{-5}-1.45z^{-6}-1.36z^{-7}$$

试确定其零点、极点及系统的幅度频率响应。

**解**  该系统函数分母为 1,因此只有零点、极点在 0 处。程序如下。

```
num=[1 0.5 -0.66 -0.87 0.39 0.92 -1.45 -1.36];   % 分子多项式系数
subplot(2,1,1)
zplane(num,1);                                    % 绘制零点、极点图,分母为 1
w=0:pi/1023:pi;                                   % 给出频率点位置
h=freqz(num,1,w);                                 % 得到系统频率响应,分母为 1
subplot(2,1,2)
plot(w/pi,20*log10(abs(h)),'k');grid;             % 绘制频率响应衰减幅度
text(0.7,12,'幅度谱');
xlabel('\omega/\pi');ylabel('幅度/dB');
```

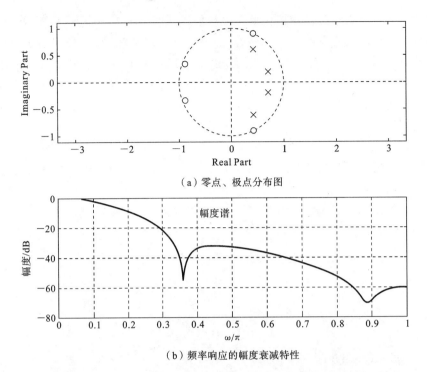

（a）零点、极点分布图

（b）频率响应的幅度衰减特性

**图 3-6 例 3-11 的零点、极点分布图和频率响应的幅度衰减特性**

程序运行结果如图 3-7 所示,显然,该系统的 7 个极点全部在原点,零点分布在除原点外的 $z$ 平面上,其频率响应的幅度特性不具有明显的某种滤波器特性。

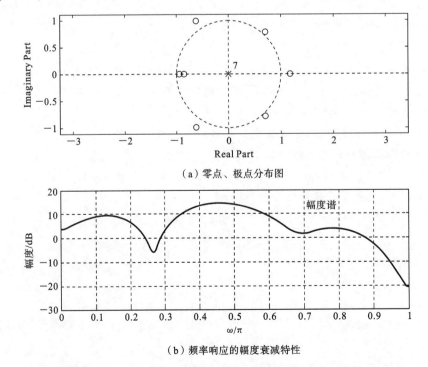

（a）零点、极点分布图

（b）频率响应的幅度衰减特性

**图 3-7 例 3-12 的零点、极点分布图和频率响应的幅度衰减特性**

由于在原点处的极点到单位圆上的任意位置的距离均相等,因此,在原点处的极点或零点对系统的频率响应没有影响。因此例 3-12 中的系统只能通过调整零点的个数和位置来控制滤波器的频率响应幅度特性。显然，在极点不影响频率响应的情况下，要得到与零点、极点系统相近的的频率响应特性，就要增加零点的数量。

**例 3-13**　试确定平滑滤波器

$$y(n) = \frac{1}{M} \sum_{k=0}^{M-1} x(n-k)$$

在 $M=5$ 和 $M=15$ 时的零点、极点分布和幅度频率响应。

**解**　这是由差分方程描述的一个系统，由式(3-10)可得该系统的系统函数为

$$H(z) = \frac{Y(z)}{X(z)} = \frac{1}{M} \sum_{k=0}^{M-1} z^{-k}$$

显然该系统的分子多项式系数均为 $\frac{1}{M}$，而分母系数为 1，程序如下。

```
num1=ones(1,5)/5;                    % M 为 5 时的分子多项式系数
num2=ones(1,15)/15;                  % M 为 15 时的分子多项式系数
subplot(2,1,1)
zplane(num1,1);                      % 绘制零点、极点图，分母为 1
text(2,0.6,'M=5');
subplot(2,1,2)
zplane(num2,1);                      % 绘制零点、极点图，分母为 1
text(2,0.6,'M=15');
w=0:pi/1023:pi;                      % 给出频率点位置
h1=freqz(num1,1,w);                  % 得到系统频率响应，分母为 1
figure
plot(w/pi,abs(h1),'k--');grid;hold on;   % 绘制频率响应衰减幅度
h2=freqz(num2,1,w);                  % 得到系统频率响应，分母为 1
plot(w/pi,abs(h2),'k');grid;         % 绘制频率响应衰减幅度
legend('M=5','M=15');
xlabel('\omega/\pi');ylabel('幅度');
```

程序运行结果如图 3-8 所示，与例 3-12 一样，这也是所有极点均位于原点的系统，其零点位于单位圆上。从图 3-8(b) 可以看出，平滑滤波器其实就是低通滤波器，$M$ 越大，滤波器的通带就越窄，滤除的信号就越多。

例 3-13 说明了根据系统函数或零点、极点得到系统的频率响应的编程方法，系统函数、频率响应和单位脉冲响应是对应的，下面举例说明由系统函数得到系统单位脉冲响应的编程方法。

**例 3-14**　已知一个系统的系统函数为

$$H(z) = \frac{1}{1 - 1.845698z^{-1} + 0.850586z^{-2}}$$

试求该系统的单位脉冲响应。

**解**　由于系统函数是单位脉冲响应的 $Z$ 变换，所以根据系统函数得到单位脉冲响应其实就是求解 $Z$ 反变换的过程，程序如下。

```
num=1;                               % 分子多项式系数
```

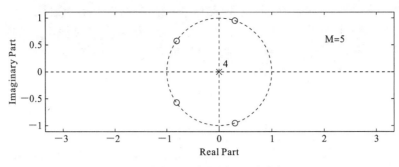

（a）$M=5$时的零点、极点分布图

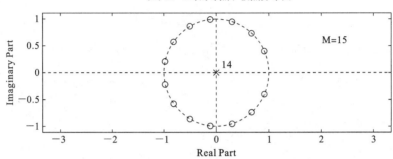

（b）$M=15$时的零点、极点分布图

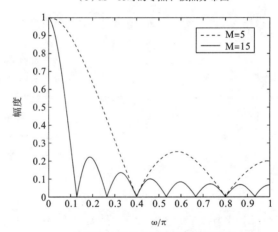

（c）$M=5$和$M=15$时的幅度频率响应

**图 3-8 例 3-13 的平滑滤波器零点、极点分布和幅度频率响应**

```
den=[1 -1.845698 0.850586];              % 分母多项式系数
M=70;                                     % 单位脉冲响应的点数
[x,t]=impz(num,den,M);                    % 计算 70 点长除法的系数,即 h(n)的前 70 点值
disp('单位脉冲响应 h(n)的系数');disp(x');   % 长除法得到的 Z 反变换系数
stem((0:M-1),x,'filed','k');
xlabel('序号/n');ylabel('幅度');
axis([0 M 0 6.5]);title('系统函数的 70 点单位脉冲响应');
```

程序运行结果如下。

```
单位脉冲响应 h(n)的系数
  Columns 1 through 11
```

```
 1.0000   1.8457   2.5560   3.1477   3.6356   4.0328   4.3510   4.6004
 4.7900   4.9278   5.0210
Columns 12 through 22
 5.0757   5.0975   5.0910   5.0607   5.0101   4.9426   4.8611   4.7679
 4.6654   4.5554   4.4395
Columns 23 through 33
 4.3193   4.1959   4.0705   3.9439   3.8169   3.6902   3.5645   3.4401
 3.3174   3.1969   3.0788
Columns 34 through 44
 2.9632   2.8505   2.7406   2.6338   2.5301   2.4295   2.3320   2.2377
 2.1466   2.0586   1.9736
Columns 45 through 55
 1.8918   1.8129   1.7369   1.6638   1.5935   1.5259   1.4609   1.3985
 1.3386   1.2811   1.2259
Columns 56 through 66
 1.1730   1.1223   1.0736   1.0270   0.9823   0.9395   0.8985   0.8592
 0.8216   0.7856   0.7512
Columns 67 through 70
 0.7182   0.6866   0.6564   0.6275
```

显然,随着 $n$ 的增加,$h(n)$ 递减趋于 0 值,如图 3-9 所示,表明该系统的 $h(n)$ 满足绝对可和条件,是一个稳定的系统,其极点为 0.943 和 0.902,均在单位圆内,满足变换域系统稳定的条件。

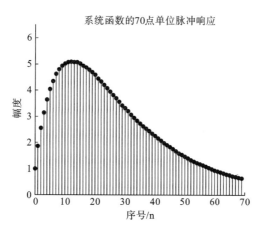

图 3-9　例 3-14 的单位脉冲响应

我们在实现该系统时,往往只能表示系数的有限位,比如,在例 3-14 中,如果只能表示系数小数点后 2 位的值,要采用四舍五入的截取方式,则系统函数变为

$$H(z) = \frac{1}{1 - 1.85z^{-1} + 0.85z^{-2}}$$

该系统的单位脉冲响应如图 3-10 所示。显然,这时的单位脉冲响应随着 $n$ 的增加并没有衰减,反而增加了,因此不满足绝对可和条件,即该系统是不稳定的系统。该系统的极点为 1 和 0.85,有一个极点在单位圆上,不满足变换域稳定的条件。

上面的例题表明,我们从理论上设计出的一个稳定的系统,在我们用有限位数据实

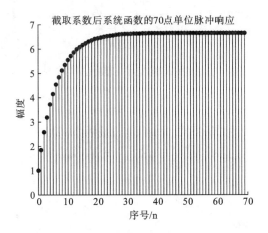

图 3-10 例 3-14 截取系数后的单位脉冲响应

现的时候可能变得不稳定了,这就是有限字长效应。因此,在实现一个系统时,我们应该检验该系统的稳定性。

例 3-14 表明,该系统的单位脉冲响应 $h(n)$ 的长度是无限的,该系统称为无限长单位脉冲响应系统。

**例 3-15** 已知一个系统的系统函数为

$$H(z)=1+0.519846z^{-1}-0.669023z^{-2}-0.873587z^{-3}+0.390236z^{-4}$$
$$+0.927825z^{-5}-1.456403z^{-6}-1.364709z^{-7}$$

试计算该系统的单位脉冲响应。

**解** 由于系统函数是单位脉冲响应的 $Z$ 变换,所以可以根据 $Z$ 变换的定义式直接得出该系统的单位脉冲响应系数,即为系统函数的系数。下面还是通过 MATLAB 编程来计算该系统的单位脉冲响应,程序如下。

```
num=[1 0.519846 -0.669023 -0.873587 0.390236 0.927825 -1.456403 -1.364709];
                                        % 分子多项式系数
den=1;                                  % 分母多项式系数
N=10;                                   % 单位脉冲响应的点数
[x,t]=impz(num,den,N);   % 计算 70 点长除法的系数,即 h(n) 的前 70 点值
disp('单位脉冲响应 h(n) 的系数');disp(x');   % 长除法得到的 Z 反变换系数
stem((0:N-1),x,'filed','k');
xlabel('序号/n');ylabel('幅度');
title('系统函数的 10 点单位脉冲响应');
```

程序运行结果如下:

```
单位脉冲响应 h(n) 的系数
    1.0000    0.5198   -0.6690   -0.8736    0.3902    0.9278   -1.4564
   -1.3647    0        0
```

程序运行结果如图 3-11 所示,显然,该系统的单位脉冲响应与系统函数的系数是一一对应的,仅有 8 点为非 0 值,其他点全为 0 值,因此,该系统的单位脉冲响应是有限长的,该系统称为有限长单位脉冲响应系统。

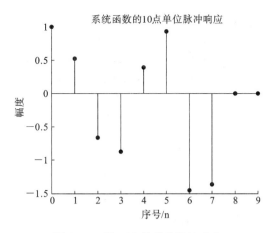

**图 3-11 例 3-15 的单位脉冲响应**

下面同样对系统函数的系数采用有限位来表示(假定同样只能保留小数点后 2 位的值,采用四舍五入截取),显然,单位脉冲响应的系数也会改变,如图 3-12 所示。但是不会影响到系统的稳定性,因为系数的截取只会改变零点的位置,而极点始终处于原点。

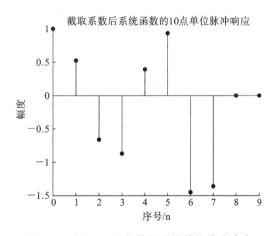

**图 3-12 例 3-15 系数截取后的单位脉冲响应**

## 3.4 一些常用系统

### 3.4.1 无限长单位脉冲响应系统

该系统的单位脉冲响应为无限长的,这类系统称为无限长单位脉冲响应系统,简称为 IIR 系统。其系统函数的一般形式为式(3-10),也可以用差分方程式来表示这个系统,即式(3-8)。在式(3-10)和式(3-8)中,只要有一个系数 $a_k$ 不为 0,系统函数表明,在有限的 $z$ 平面(除 0 和 ∞ 以外的 $z$ 平面)上必然存在极点;差分方程表明,必然存在输出到输入的反馈,该系统的单位脉冲响应 $h(n)$ 是无限长的。

由于系统的单位脉冲响应 $h(n)$ 无限长,显然无法利用卷积运算来根据输入计算系统的响应,但可以利用差分方程的关系来计算输出。

### 3.4.2 有限长单位脉冲响应系统

如果在系统函数的分母多项式中，所有系数 $a_k$ 全为 0，这样的系统就称为有限长单位脉冲响应系统，简称为 FIR 系统。其系统函数的一般形式为

$$H(z) = \sum_{k=0}^{M} b_k z^{-k} \tag{3-13}$$

其差分方程变为

$$y(n) = \sum_{k=0}^{M} b_k x(n-k) \tag{3-14}$$

显然，该系统在有限 $z$ 平面不存在极点，因此始终是稳定的系统，也不存在输出到输入的反馈，其单位脉冲响应 $h(n)$ 就对应系数 $b_k$，为有限长。式(3-14)其实就是卷积的运算关系，因此，FIR 系统可以利用卷积运算计算输出。

### 3.4.3 全通系统

如果一个系统的频率响应的幅度满足

$$\left| H(e^{j\omega}) \right| = 1, \quad 0 \leqslant \omega \leqslant \pi \tag{3-15}$$

即所有频率的信号经过该系统都能"不失真地"通过，这样的系统称为全通系统。$N$ 阶全通系统的系统函数的一般形式为

$$H(z) = \frac{\sum_{k=0}^{N} a_k^* z^{-N+k}}{\sum_{k=0}^{N} a_k z^{-k}} = z^{-N} \frac{D^*\left[(z^*)^{-1}\right]}{D(z)}, \quad a_0 = 1 \tag{3-16}$$

显然，全通系统的零点和极点相对单位圆是镜像共轭成对的，即若 $z_k$ 是全通系统的极点，则 $(z_k^*)^{-1}$ 就一定是该系统的零点。

当频率 $\omega$ 由 0 变到 $\pi$ 时，$N$ 阶全通系统的相位改变为 $N\pi$。

**例 3-16** 已知一个系统的系统函数为

$$H(z) = \frac{0.79 - 0.68z^{-1} + 0.5z^{-2} + z^{-3}}{1 + 0.5z^{-1} - 0.68z^{-2} + 0.79z^{-3}}$$

试确定该系统的零点、极点及频率响应。

**解** 程序如下。

```
num=[0.79 -0.68 0.5 1];                % 分子多项式系数
den=[1 0.5 -0.68 0.79];                % 分母多项式系数
[z,p]=tf2zp(num,den);                  % 得到零点 z 和极点 p
disp('零点');disp(z);                   % 显示零点
disp('极点');disp(p);                   % 显示极点
w=0:pi/1023:pi;                        % 给出频率点位置
h=freqz(num,den,w);                    % 得到系统频率响应
zplane(num,den);                       % 绘制零点、极点图
figure;subplot(2,1,1)
plot(w/pi,abs(h),'k');grid;            % 绘制频率响应衰减幅度
axis([0 1 0 2]);text(0.42,1.6,'幅度谱');
```

```
xlabel('\omega/\pi');ylabel('幅度谱');
subplot(2,1,2)
theta=phasez(num,den,w);                    % 计算相位频响应
plot(w/pi,theta,'k');grid;                   % 绘制相位频率响应
text(0.42,-1,'相位谱');xlabel('\omega/\pi');ylabel('相位(rad/\pi)');
```

程序运行结果如下。

```
零点
  0.7890+1.0688j
  0.7890-1.0688j
 -0.7173
极点
 -1.3942
  0.4471+0.6056j
  0.4471-0.6056j
```

图 3-13 所示的分别为该系统的零点、极点分布图,幅度频率响应和相位频率响应。从幅度频率响应结果可以看出,幅度频率响应恒定为 1,因此该系统为一个全通系统。从零点、极点分布可以看出,该系统的 3 个极点和 3 个零点分别呈镜像共轭对称。从相位频率响应可以看出,$\omega$ 由 0 变到 $\pi$ 时,该系统的相位由 0 变到 $-3\pi$,即相位变化了 $N\pi$,相位的变化不具有线性的变化规律。程序运行结果与理论分析结果一致。

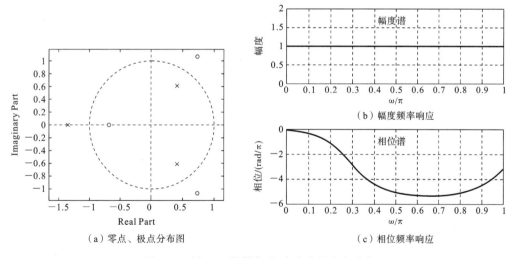

（a）零点、极点分布图　　（b）幅度频率响应　　（c）相位频率响应

**图 3-13　例 3-16 的零点、极点分布及频率响应**

### 3.4.4　最小相位系统和最大相位系统

最小相位系统和最大相位系统是按照系统频率响应的相位特性来进行区分的,一个稳定的最小相位系统除了所有极点都在单位圆内外,所有零点也都在单位圆内。

一个稳定的最大相位系统的极点全部在单位圆内,而所有零点均在单位圆外。因此,稳定的全通系统由于所有极点均在单位圆内,而零点与极点呈镜像共轭关系,所以所有极点均在单位圆外,即为最大相位系统。

因此,任何一个非最小相位系统均可表示为一个最小相位系统和一个全通系统的乘积,即具有级联关系。

**例 3-17** 分析如下两个系统

$$H_1(z)=\frac{1-0.2z^{-1}-0.08z^{-2}}{1-1.1z^{-1}+0.3z^{-2}} \text{ 和 } H_2(z)=\frac{1+2.5z^{-1}-12.5z^{-2}}{1-1.1z^{-1}+0.3z^{-2}}$$

的零点、极点分布及其频率响应特性。

**解** 程序与例 3-16 相似,只需要将分子、分母多项式系数进行相应变换即可,程序运行结果如下。

系统 $H_1(z)$ 的零点、极点如下。

```
零点
    0.4000    -0.2000
极点
    0.6000     0.5000
```

系统 $H_1(z)$ 的零点、极点分布和频率响应如图 3-14 所示。

系统 $H_2(z)$ 的零点、极点如下。

```
零点
   -5.0000     2.5000
极点
    0.6000     0.5000
```

系统 $H_2(z)$ 的零点、极点分布和频率响应如图 3-15 所示。

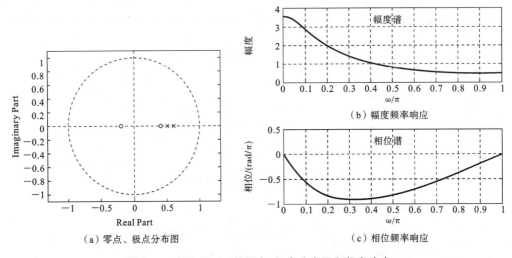

(a) 零点、极点分布图    (b) 幅度频率响应    (c) 相位频率响应

**图 3-14 系统 $H_1(z)$ 的零点、极点分布图和频率响应**

系统 $H_1(z)$ 的所有极点和零点均处于单位圆内,是一个最小相位系统,系统 $H_2(z)$ 的极点在单位圆内,但零点在单位圆外,因此是一个最大相位系统。对比系统 $H_1(z)$ 和 $H_2(z)$ 的零点、极点可以发现,两个系统的极点相同,零点呈倒数关系。对比两个系统的幅度频率响应可以发现,两个系统具有相同变化规律的幅度频率响应,仅是幅度不同(这是增益不同造成的)。再对比两个系统的相位频率响应,$\omega$ 由 0 变到 $\pi$,最小相位系统 $H_1(z)$ 的相位变化为 0(变化过程中呈非线性变化关系),而最大相位系统 $H_1(z)$ 的

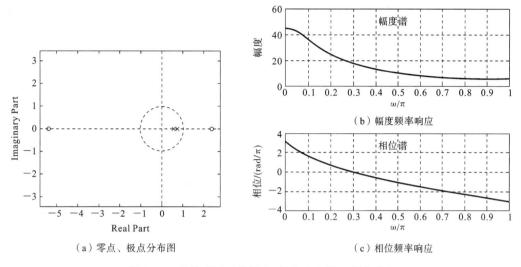

（a）零点、极点分布图          （b）幅度频率响应

（c）相位频率响应

**图 3-15 系统 $H_2(z)$ 的零点、极点分布图和频率响应**

相位由 $3\pi$ 变化到了 $-3\pi$，即变化了 $6\pi$。

根据例 3-17 可知，具有相同幅度频率响应特性的最小相位系统，具有最小的相位滞后特性，而最大相位系统具有较大的相位滞后特性，这也是它们名称的由来。

# 离散傅里叶变换及其快速算法

## 4.1 周期序列的傅里叶级数

周期序列的傅里叶级数的正变换为

$$\widetilde{X}(k) = \sum_{n=0}^{N-1} \widetilde{x}(n) e^{-j\frac{2\pi}{N}nk} \tag{4-1}$$

周期序列的傅里叶级数的反变换为

$$\widetilde{x}(n) = \frac{1}{N} \sum_{k=0}^{N-1} \widetilde{X}(k) e^{j\frac{2\pi}{N}nk} \tag{4-2}$$

为了方便,将 $e^{-j\frac{2\pi}{N}}$ 一般简记为 $W_N$,$e^{-j\frac{2\pi}{N}nk}$ 就简记为 $W_N^{nk}$。

**例 4-1**  已知一个周期为 100 的周期序列的一个周期值为 $u(n) - u(n-50)$,试将其按傅里叶级数展开。

**解**  程序如下。

```
N=100;                                      % 周期
x=[ones(1,N/2), zeros(1,N/2)];              % 序列 x(n)
for k=1:N
    y(k)=0;                                 % 初始化为 0
    for n=1:N
        y(k)=x(n)*exp(-i*2*pi*(n-1)*(k-1)/N)+y(k);
                                            % 计算傅里叶级数 X(k)
    end
end
for k=1:6;                                   % 第 k-1 次谐波
    for n=1:N
        xf(n,k)=(y(k)*exp(j*2*pi*(n-1)*(k-1)/N)+y(k))/N;
                                            % 第 k-1 次谐波的值
    end
end
subplot(2,1,1)
stem(x);
```

```
xlabel('n');ylabel('幅度');
subplot(2,1,2)
stem(abs(y)/N);
xlabel('n');ylabel('幅度/N');
figure
plot(real(xf(:,2)),'--');                          % 绘制第 1 次谐波波形
hold on
plot(real(xf(:,4)),'-*');                           % 绘制第 3 次谐波波形
hold on
plot(real(xf(:,6)),'-o');                           % 绘制第 5 次谐波波形
xlabel('n');ylabel('幅度');
legend('第 1 次谐波','第 3 次谐波', 第 5 次谐波');
```

图 4-1 所示的是序列 $x(n)$、傅里叶级数的模及其第 1、3、5 次谐波的实部波形。

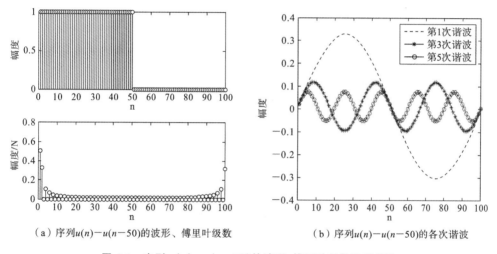

（a）序列$u(n)-u(n-50)$的波形、傅里叶级数     （b）序列$u(n)-u(n-50)$的各次谐波

**图 4-1** 序列 $u(n)-u(n-50)$ 的波形、傅里叶级数及其谐波

**例 4-2** 已知一个周期为 104 的周期序列的一个周期值为

$$x(n)=\begin{cases} \dfrac{2n}{\dfrac{(N-1)}{2}}, & 0\leqslant n\leqslant\dfrac{N-1}{4} \\[4mm] 1-\dfrac{2n}{\dfrac{(N-1)}{2}}, & \dfrac{N-1}{4}<n\leqslant\dfrac{N-1}{2} \\[4mm] -\dfrac{2n}{\dfrac{(N-1)}{2}}, & \dfrac{N-1}{2}<n\leqslant\dfrac{3(N-1)}{4} \\[4mm] \dfrac{2n}{\dfrac{(N-1)}{2}}-1, & \dfrac{3(N-1)}{4}<n\leqslant N-1 \end{cases}$$

的三角波，试将其按傅里叶级数展开。

**解** 程序如下。

```
N=104;                                              % 周期
```

```
x=[2*(1:N/4)/(N/2),1-2*(1:N/4)/(N/2),-2*(1:N/4)/(N/2),2*(1:N/4)/(N/2)-1];
                                                    % 三角波
for k=1:N
    y(k)=0;                                         % 初始化为 0
    for n=1:N
        y(k)=x(n)*exp(-j*2*pi*(n-1)*(k-1)/N)+y(k);
                                                    % 计算傅里叶级数
    end
end
for k=1:6;                                          % 第 k-1 次谐波
    for n=1:N
        xf(n,k)=(y(k)*exp(j*2*pi*(n-1)*(k-1)/N)+y(k))/N;
                                                    % 第 k-1 次谐波的值
    end
end
subplot(2,1,1)
stem(x);
xlabel('n');ylabel('幅度');
axis([0 103 -1 1]);                                 % 设置坐标轴
subplot(2,1,2)
stem(abs(y)/N);
xlabel('n');ylabel('幅度/N');
axis([0 103 0 0.5]);                                % 设置坐标轴
figure
plot(real(xf(:,2)),'--');                           % 绘制第 1 次谐波波形
hold on
plot(real(xf(:,4)),'-*');                           % 绘制第 3 次谐波波形
hold on
plot(real(xf(:,6)),'-o');                           % 绘制第 5 次谐波波形
xlabel('n');ylabel('幅度');
axis([0 103 -0.5 0.5]);                             % 设置坐标轴
legend('第 1 次谐波','第 3 次谐波', 第 5 次谐波');
```

图 4-2 所示的是三角波序列、傅里叶级数的模和谐波的实部波形。

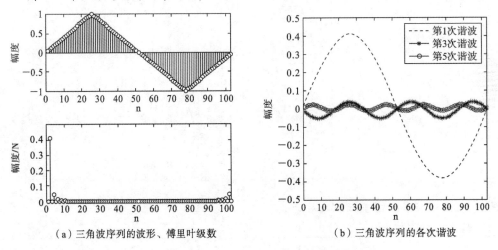

（a）三角波序列的波形、傅里叶级数　　　　（b）三角波序列的各次谐波

**图 4-2　三角波序列的波形、傅里叶级数及其谐波**

## 4.2  离散傅里叶变换及其反变换

离散傅里叶变换(DFT)的定义为

$$X(k) = \sum_{n=0}^{N-1} x(n) e^{-j\frac{2\pi k}{N}n} \tag{4-3}$$

离散傅里叶反变换(IDFT)为

$$x(n) = \frac{1}{N} \sum_{k=0}^{N-1} X(k) e^{j\frac{2\pi n}{N}k} \tag{4-4}$$

**例 4-3**  试计算信号 $x_a(t)=2\sin(10\pi t)$ 以采样间隔 $T_s=0.01$ s 采样得到的长度为 100 的序列的 100 点、200 点的离散傅里叶变换。

**解**  用离散傅里叶变换处理连续信号时,有两次采样:一是时域采样,要遵循奈奎斯特采样定理;二就是频域采样,要遵循频率采样定理。

(1) 频率采样 100 点,序列长度为 100 点,程序如下。

```
N=100;                                    % 序列长度
M=100;                                    % 频率采样点数
Ts=0.01;                                  % 采样频率
x=2*sin(10*pi*(0:99)*Ts);                 % 序列 x(n)
for k=1:M                                 % 频率采样点数
    y(k)=0;                               % 初值为 0
    for n=1:N                             % 序列长度
        y(k)=x(n)*exp(-j*2*pi*(n-1)*(k-1)/M)+y(k);
                                          % 计算离散傅里叶变换
    end
end
subplot(2,1,1)
plot((0:N-1)*Ts,real(x),'k');hold on;stem((0:N-1)*Ts,x,'k');
                                          % 绘制反变换波形
xlabel('时间/s');ylabel('幅度');
title('频率采样 100 点的波形和频谱');
subplot(2,1,2);plot((0:M-1),abs(y),'k');
xlabel('频率序号/n');ylabel('幅度(模值)');
```

(2) 频率采样 200 点时,序列长度仅有 100 点,注意两者的区别。部分程序如下。

```
N=100;                                    % 序列长度
M=200;                                    % 频率采样点数
Ts=0.01;                                  % 采样频率
x=2*sin(10*pi*(0:99)*Ts);                 % 序列 x(n)
for k=1:M                                 % 频率采样点数
    y(k)=0;                               % 初值为 0
    for n=1:N                             % 序列长度
        y(k)=x(n)*exp(-j*2*pi*(n-1)*(k-1)/M)+y(k);
                                          % 计算离散傅里叶变换
```

```
        end
    end
```

运行结果如图 4-3 所示,序列长度相同,频率采样点数为 100 点时的离散傅里叶变换模的最大值出现在序号 5 处,而频率采样点数为 200 时,离散傅里叶变换模的最大值出现在序号 10 处,而且旁边还有一些小的、逐渐衰减的值。理论上,信号 $x_a(t)$ $=2\sin(10\pi t)$ 的傅里叶变换的结果应该是在频率为 5 Hz 处出现冲激。

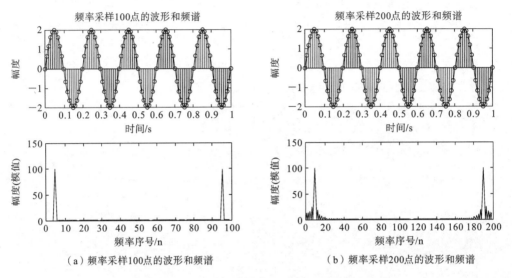

（a）频率采样100点的波形和频谱　　　　　　（b）频率采样200点的波形和频谱

**图 4-3　同一序列不同频率采样点数时的波形和频谱**

下面分析离散傅里叶变换模的最大值所对应的频率值。频率采样 $N$ 点时,样点间的频率间隔为 $2\pi/N$,序号为 $k$ 所对应的频率为 $2k\pi/N$,这是离散化后的数字频率。数字频率与模拟频率之间的关系式为

$$\omega = 2\pi f / f_s, \quad 即 \quad f = \frac{\omega f_s}{2\pi} = \frac{\omega}{2\pi T_s} \tag{4-5}$$

则第 $k$ 个频率点对应的模拟频率为

$$f_k = \frac{2\pi k}{N} \cdot \frac{1}{2\pi T_s} = \frac{k}{N T_s} = \frac{k f_s}{N} \tag{4-6}$$

在例 4-3 中,采样间隔 $T_s=0.01$ s,第一种情况频率采样点数 $N=100$,频谱最大值对应的频率序号为 5,根据式(4-6)可知,该点的模拟频率为 5 Hz。同样可得第二种情况下频谱最大值对应得模拟频率也为 5 Hz,两种情况的频率与实际频率均相符。

下面我们根据上述两个离散傅里叶变换的结果来求解其反变换,程序如下。

```
N=100;                                      % 序列长度
M=100;                                      % 频率采样点数
Ts=0.01;                                    % 采样频率
x=2*sin(10*pi*(0:99)*Ts);                   % 序列 x(n)
for k=1:M                                   % 频率采样点数
    y(k)=0;                                 % 初值为 0
    for n=1:N                               % 序列长度
        y(k)=x(n)*exp(-j*2*pi*(n-1)*(k-1)/M)+y(k);
```

```
                                                  % 计算离散傅里叶变换
       end
   end
   for n=1:N                                       % 序列长度
       x1(n)=0;
       for k=1:M                                   % 频率采样点数
           x1(n)=y(k)*exp(j*2*pi*(n-1)*(k-1)/M)/M+x1(n);
                                                  % 计算离散傅里叶反变换
       end
   end
   plot((0:N-1)*Ts,
   real(x1),'k');hold on;
   stem((0:N-1)*Ts,x,'k');                         % 绘制反变换波形
   xlabel('时间/s');
   ylabel('幅度');
   title('频率采样 100 点的反变换波形');
```

注意:频率采样 200 点的反变换波形的程序在此处省略。

图 4-4 所示的为上述两种离散傅里叶反变换的波形,由图可看出,频率采样 100 点和 200 点时,反变换的波形与原始波形一致。

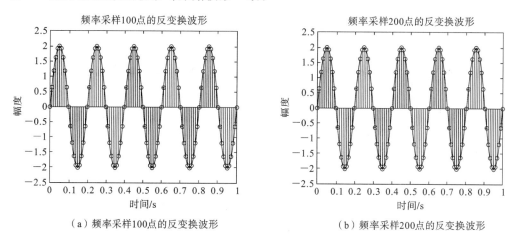

（a）频率采样100点的反变换波形　　　　　（b）频率采样200点的反变换波形

**图 4-4　例 4-3 的离散傅里叶反变换波形**

## 4.3　频域采样理论

由 4.2 节讨论可知,离散傅里叶变换是对序列傅里叶变换的 $\omega$ 的等间隔采样进行的。下面讨论频率采样的限制条件。

**例 4-4**　试绘制信号 $x(t)=2\sin(60\pi t)$ 在时域采样率为 500 Hz 时得到的序列($0\leqslant n\leqslant 99$),在频域采样点数分别为 80、100、150 时恢复序列的波形。

**解**　在这里,序列长度和频域采样点数可能不同,要注意区分。程序如下。

```
   Fs=500;                                         % 采样率
```

```
n=0:99;                                                % 频域采样点
x=2*sin(60*pi*n/Fs);                                   % 采样得到的序列
for k=1:80                                             % 频域采样点数
    y1(k)=0;
    for n=1:100                                        % 序列长度
        y1(k)=x(n)*exp(-j*2*pi*(n-1)*(k-1)/80)+y1(k);
        % 计算 x(n) 的 80 点离散傅里叶变换
    end
end
for n=1:100                                            % 序列长度
    x1(n)=0;
    for k=1:80                                         % 频域采样点数
        x1(n)=y1(k)*exp(j*2*pi*(n-1)*(k-1)/80)/80+x1(n);
        % 计算 x(n) 的 80 点离散傅里叶反变换
    end
end
for k=1:100                                            % 频域采样点数
    y2(k)=0;
    for n=1:100                                        % 序列长度
        y2(k)=x(n)*exp(-j*2*pi*(n-1)*(k-1)/100)+y2(k);
        % 计算 x(n) 的 100 点离散傅里叶变换
    end
end
for n=1:100                                            % 序列长度
    x2(n)=0;
    for k=1:100                                        % 频域采样点数
        x2(n)=y2(k)*exp(j*2*pi*(n-1)*(k-1)/100)/100+x2(n);
        % 计算 x(n) 的 100 点离散傅里叶反变换
    end
end
for k=1:150                                            % 频域采样点数
    y3(k)=0;
    for n=1:100                                        % 序列长度
        y3(k)=x(n)*exp(-j*2*pi*(n-1)*(k-1)/150)+y3(k);
        % 计算 x(n) 的 150 点离散傅里叶变换
    end
end
for n=1:100                                            % 序列长度
    x3(n)=0;
    for k=1:150                                        % 频域采样点数
        x3(n)=y3(k)*exp(j*2*pi*(n-1)*(k-1)/150)/150+x3(n);
        % 计算 x(n) 的 150 点离散傅里叶反变换
    end
end
```

```
figure;plot((0:99),x,'k');grid;
xlabel('序号/n');ylabel('幅度');axis([0 100 -5 5]);title('原始波形');
figure;plot((0:99),real(x1(1:100)),'k');
xlabel('序号/n');ylabel('幅度');grid;
axis([0 100 -5 5]);title('频域采样 80 点恢复波形');
figure;plot((0:99),real(x2(1:100)),'k');
xlabel('序号/n');ylabel('幅度');grid;
axis([0 100 -5 5]);title('频域采样 100 点恢复波形');
figure;plot((0:99),real(x3(1:100)),'k');
xlabel('序号/n');ylabel('幅度');grid;
axis([0 100 -5 5]);title('频域采样 150 点恢复波形');
```

　　程序运行结果如图 4-5 所示,由图可以看出,在频域采样点为 100 点和 150 点时,恢复的波形与原波形完全相同,但是采样点数为 80 点时,恢复序列的前 20 点和后 20 点出现了失真,20 点~80 点波形与原波形相同,而前后出现失真的点数刚好等于序列长度(100)减去频域采样点数(80)。

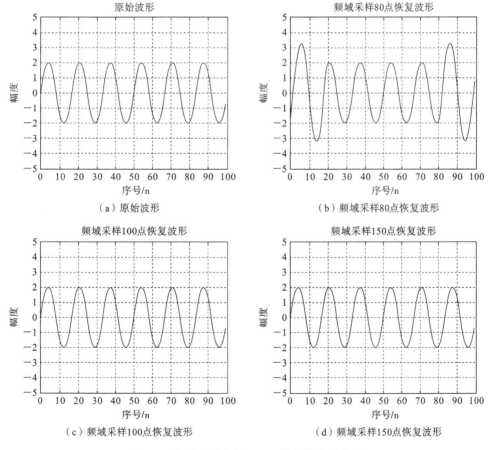

（a）原始波形　　　　　　　　　　　　　（b）频域采样80点恢复波形

（c）频域采样100点恢复波形　　　　　　　（d）频域采样150点恢复波形

**图 4-5　频域采样点数不同所恢复的序列波形**

　　由例 4-4 可以看出,要想频域采样后不失真地恢复原序列,频域采样点数必须不小于序列的长度,否则将产生失真。产生失真的原因是,频域采样会导致时域的周期

延拓

$$x_N(n) = \left[ \sum_{k=-\infty}^{+\infty} x(n+kN) \right] R_N(n) \tag{4-7}$$

即恢复的序列是原序列以采样点数 $N$ 为周期延拓后,再取 $0 \sim N-1$ 中的 $N$ 点的序列。若采样点数小于序列长度 $L$,则在恢复的序列的前 $L-N$ 点和后 $L-N$ 点将出现两个周期值的重叠,即失真。序列前 $L-N$ 点是与前一个周期的后 $L-N$ 点重叠,序列后 $L-N$ 点是与后一个周期的前 $L-N$ 点重叠。

**例 4-5** 试绘制序列 $R_{50}(n)$ 在频域采样点数为 40、50、60 时的恢复序列,并验证频域采样条件。

**解** 程序如下。

```
x=ones(1,50);                    % 矩形序列
for k=1:40                       % 频域采样点数
    y1(k)=0;
    for n=1:50                   % 序列长度
        y1(k)=x(n)*exp(-j*2*pi*(n-1)*(k-1)/40)+y1(k);
                                 % 计算 x(n) 的 40 点离散傅里叶变换
    end
end
for n=1:50                       % 序列长度
    x1(n)=0;
    for k=1:40                   % 频域采样点数
        x1(n)=y1(k)*exp(j*2*pi*(n-1)*(k-1)/40)/40+x1(n);
                                 % 计算 x(n) 的 40 点离散傅里叶反变换
    end
end
for k=1:50                       % 频域采样点数
    y2(k)=0;
    for n=1:50                   % 序列长度
        y2(k)=x(n)*exp(-j*2*pi*(n-1)*(k-1)/50)+y2(k);
                                 % 计算 x(n) 的 50 点离散傅里叶变换
    end
end
for n=1:50                       % 序列长度
    x2(n)=0;
    for k=1:50                   % 频域采样点数
        x2(n)=y2(k)*exp(j*2*pi*(n-1)*(k-1)/50)/50+x2(n);
                                 % 计算 x(n) 的 50 点离散傅里叶反变换
    end
end
for k=1:60                       % 频域采样点数
    y3(k)=0;
    for n=1:50                   % 序列长度
        y3(k)=x(n)*exp(-j*2*pi*(n-1)*(k-1)/60)+y3(k);
                                 % 计算 x(n) 的 60 点离散傅里叶变换
    end
end
```

```
for n=1:50                          % 序列长度
    x3(n)=0;
    for k=1:60                      % 频域采样点数
        x3(n)=y3(k)*exp(j*2*pi*(n-1)*(k-1)/60)/60+x3(n);
                                    % 计算 x(n)的 60 点离散傅里叶反变换
    end
end
figure;plot((0:49),x,'k');grid;
xlabel('序号/n');ylabel('幅度');axis([0 50 0 2]);title('原始波形');
figure;plot((0:49),real(x1(1:50)),'k');
xlabel('序号/n');ylabel('幅度');grid;
axis([0 50 0 2]);title('频域采样 40 点恢复波形');
figure;plot((0:49),real(x2(1:50)),'k');
xlabel('序号/n');ylabel('幅度');grid;
axis([0 50 0 2]);title('频域采样 50 点恢复波形');
figure;plot((0:49),real(x3(1:50)),'k');
xlabel('序号/n');ylabel('幅度');grid;
axis([0 50 0 2]);title('频域采样 60 点恢复波形');
```

程序运行结果如图 4-6 所示,明显可以看出,采样点数为 50 和 60 时恢复序列与原序列完全相同,而在采样点数为 40 点时,混叠现象很明显,在前 10(0～9)点、后 10 (40～49)点出现了混叠,而 10 点～39 点的结果正确,与频域采样理论相符。

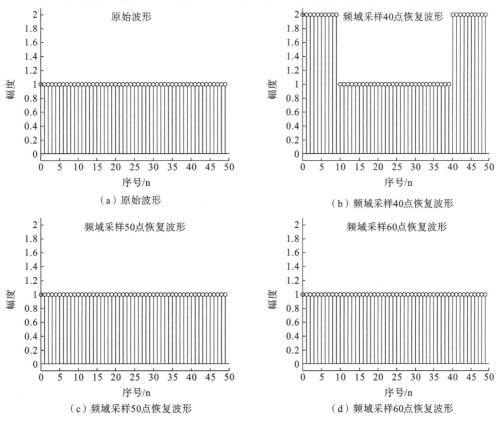

（a）原始波形　　　　　　　　　　　　　　（b）频域采样40点恢复波形

（c）频域采样50点恢复波形　　　　　　　　　（d）频域采样60点恢复波形

**图 4-6　矩形序列频域采样点数不同所恢复的序列**

## 4.4 快速傅里叶变换

**例 4-6** 试求信号 $x(t)=2\sin(2000\pi t)$ 用采样频率为 4 kHz、采样时长为 1 s 所得序列的离散傅里叶变换。

**解** 采样频率为 4 kHz,采样时长为 1 s,所得序列长度为 4000,下面我们计算离散傅里叶变换所需要的时间。程序如下。

```
Fs=4000;                          % 采样率
n=1/Fs:1/Fs:1;                    % 采样点
x=2*sin(2000*pi*n);               % 采样得到的序列
tic;                              % 开始计时
for k=1:length(x)
    y(k)=0;
    for n=1:length(x)
        y(k)=x(n)*exp(-j*2*pi*(n-1)*(k-1)/length(x))+y(k);
                                  % 计算 x(n) 的离散傅里叶变换
    end
end
t=toc;                            % 所耗用的时间
disp('离散傅里叶变换耗用时间(s:');disp(t);
plot((0:length(x)-1)*Fs/length(x),real(y),'k');
xlabel('频率/Hz');ylabel('幅度');
axis([0 4000 -500 5000]);text(1800,4500,'DFT 的实部');
figure;plot((0:length(x)-1)*Fs/length(x),imag(y),'k');
xlabel('频率/Hz');ylabel('幅度');
axis([0 4000 -500 5000]);tcxt(1800,4500,'DFT 的虚部');
```

程序运行结果如下。

```
离散傅里叶变换耗用时间(s):
    9.2128
```

该程序是在 CPU 的主频为 3.2 GHz、内存为 4GB 的计算机上运行的,序列长度为 4000,计算离散傅里叶变换耗用时间为 9.2128 s。在实际的信号处理中,如地震数据处理、图像处理等,数据长度往往很大,进行离散傅里叶变换耗用的时间将更长,这往往难以容忍。离散傅里叶变换的实部和虚部如图 4-7 所示,实部在 1000 Hz 处有一冲激,3000 Hz 处的冲激对应于负频率处,即 −2000 Hz 处的冲激,虚部为 0,与理论一致。

下面通过举例来说明时间抽取基 2FFT 算法的 MATLAB 实现过程,输入序列长度(如不为 2 的整数次幂,则补零延长)。输入按倒码顺序输入,输出按自然码的顺序输出。

**例 4-7** 用快速傅里叶变换(FFT)的算法实现例 4-6。

**解** 下面是时域抽取基 2FFT 的程序。

```
Fs=4000;                          % 采样率
n=1/Fs:1/Fs:1;                    % 采样点
```

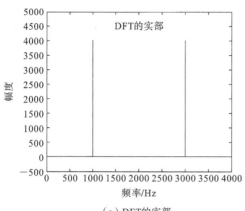

（a）DFT的实部

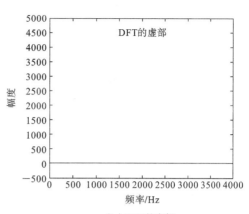

（b）DFT的虚部

**图 4-7 例 4-6 离散傅里叶变换的实部和虚部**

```
x=2*sin(2000*pi*n);              % 采样得到的序列
tic;                             % 计时开始
m=nextpow2(length(x));N=2^m;     % 求 x 的长度对应的 2 的最低幂次 m
if length(x)<N
    x=[x,zeros(1,N-length(x))];
    % 若 x 的长度不是 2 的整数次幂,补零到 2 的整数次幂
end
nxd=bin2dec(fliplr(dec2bin([1:N]-1,m)))+1;
                                 % 求 1:2^m 数列序号的倒序
y=x(nxd);                        % 将 x 倒序排列作为 y 的初始值
for mm=1:m
% {将 DFT 作 m 次基 2 分解,从左到右,对每次分解作 DFT 运算,共做 m 级蝶形运算,每一级
   都有 2^(mm-1) 个蝶形结% }
    Nz=2^mm;WN1=1;               % 旋转因子 WN1 初始化为 WN1^0=1
    WN=exp(-j*2*pi/Nz);
    % 本次分解的基本 DFT 因子 WN=exp(-j*2*pi/Nz)
    for j=1:Nz/2
    % 本次跨越间隔内的各次蝶形运算,在进行第 mm 级运算时需要 2^(mm-1) 个蝶形结
        for k=j:Nz:N             % 本次蝶形运算的跨越间隔为 Nz=2^mm
            kp=k+Nz/2;           % 后半部分离散傅里叶变换的下标
            ylp=y(kp)*WN1;       % 蝶形运算后半部要乘旋转因子
            y(kp)=y(k)-ylp;      % 蝶形运算后半部分是相减
            y(k)=y(k)+ylp;       % 蝶形运算前半部分是相加
        end
        WN1=WN1*WN;
    end
end
t=toc;                           % 计时结束
                                 % 显示波形部分程序略去
```

程序运行结果如下。

快速傅里叶变换耗用时间(s):
    0.0740

图 4-8 所示的分别为快速傅里叶变换的实部和虚部,运行时间为 0.0740 s,与直接计算相比,大大缩短了时间。程序运行结果基本相同,但是虚部在 1000 Hz 和 3000 Hz 处有细微的波动。快速傅里叶变换的程序是通用程序,在 MATLAB 中用 fft( )函数实现一维序列的快速傅里叶变换,用 ifft( )函数实现快速傅里叶反变换,用 fft2( )函数实现二维的快速傅里叶变换,用 ifft2( )函数实现二维的快速傅里叶反变换。

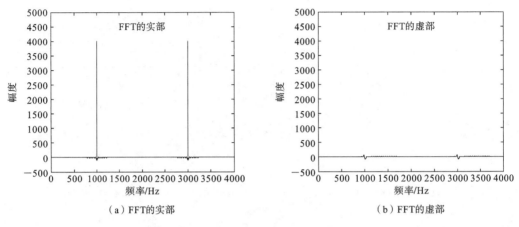

(a) FFT的实部 (b) FFT的虚部

**图 4-8** 例 4-6 快速傅里叶变换的实部和虚部

下面是利用 fft( )函数实现快速傅里叶变换,程序如下。

```
Fs=4000;                          % 采样率
n=1/Fs:1/Fs:1;                    % 采样点
x=2*sin(2000*pi*n);              % 采样得到的序列
tic;                              % 开始计时
y=fft(x);                         % 快速傅里叶变换
t=toc;                            % 快速傅里叶变换耗用时间
disp('快速傅里叶变换耗用时间(s):');disp(t);
% 显示部分程序略去
```

程序运行结果如下。

```
快速傅里叶变换耗用时间(s):
    7.7618e-05
```

计算机显示耗用时间为 $7.7618e-05$ s,即时间很短,可忽略不计。图 4-9 所示的为快速傅里叶变换的实部和虚部,实部与图 4-7 所示的完全相同,虚部仍然很小,可忽略不计。调用 fft( )函数比直接编写 MATLAB 程序的运行速度更快。

**例 4-8** 试根据例 4-6 的结果计算其快速傅里叶反变换。

**解** 在 MATLAB 中,可用 ifft( )函数实现快速傅里叶反变换,部分程序如下。

```
tic;                                  % 开始计时
x1=ifft(y);
t=toc;                                % 快速傅里叶变换耗用时间
disp('快速傅里叶反变换耗用时间(s):');disp(t);
plot((0:49)/Fs,x(1:50),'k');          % 为了看清细节,仅显示50点波形
xlabel('时间/s');ylabel('幅度/dB');
```

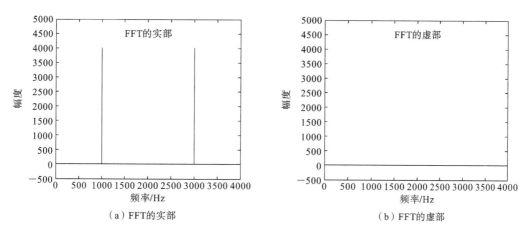

（a）FFT的实部　　　　　　　　　　　（b）FFT的虚部

**图 4-9　例 4-6 用 fft( )函数计算的实部和虚部**

```
axis([0 0.012 -3 3]);text(0.005,2.5,'原始波形');
figure;plot((0:49)/Fs,x1(1:50),'k');    % 为了看清细节,仅显示50点波形
xlabel('时间/s');ylabel('幅度');
axis([0 0.012 -3 3]);text(0.005,2.5,'反变换波形');
```

程序运行结果如下。

```
快速傅里叶反变换耗用时间(s):
    9.1409e-05
```

快速傅里叶反变换耗用时间仍可以忽略不计,原始波形和反变换波形如图 4-10 所示,反变换波形与原始波形完全相同。

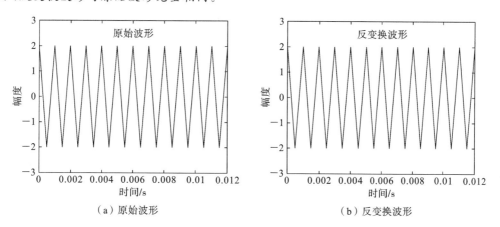

（a）原始波形　　　　　　　　　　　（b）反变换波形

**图 4-10　例 4-8 的原始波形和反变换波形**

# 4.5　快速傅里叶变换的应用

## 4.5.1　对连续信号的频谱分析

### 1. 时域采样对信号频谱的影响

**例 4-9**　试求信号 $x(t)=\sin(100\pi t)$ 用采样频率为 80 Hz、100 Hz、101 Hz、150 Hz

时采样所得序列的频谱,要求频率分辨率为 0.5 Hz。

**解** 频率分辨率为 0.5 Hz,则频域采样点数分别为 160、200、202 和 300,程序如下。

```
deltf=0.5;                                              % 频率分辨率
Fs1=80;Fs2=100;Fs3=101;Fs4=150;                         % 采样频率
N1=Fs1/deltf;N2=Fs2/deltf;N3=Fs3/deltf;N4=Fs4/deltf;    % 采样点数
n1=0:N1-1;n2=0:N2-1;n3=0:N3-1;n4=0:N4-1;                % 采样点
x1=sin(100*pi*n1/Fs1);x2=sin(100*pi*n2/Fs2);            % 采样
x3=sin(100*pi*n3/Fs3);x4=sin(100*pi*n4/Fs4);            % 采样
y1=fft(x1);y2=fft(x2);y3=fft(x3);y4=fft(x4);            % 快速傅里叶变换
y1=y1.* conj(y1)/N1^2;y2=y2.*conj(y2)/N2^2;             % 计算功率
y3=y3.* conj(y3)/N3^2;y4=y4.*conj(y4)/N4^2;             % 计算功率
subplot(2,2,1);plot((0:49)/Fs1,x1(1:50));
xlabel('时间/s');ylabel('幅度');
axis([0 0.6 -1 1.5]);
text(0.02,1.2,'采样频率为 80Hz 的时域波形');
subplot(2,2,2);plot(n1*Fs1/N1,y1);
xlabel('频率/Hz');ylabel('幅度(功率)');text(10,0.32,'采样频率为 80Hz 的频谱');
subplot(2,2,3);plot((0:49)/Fs2,x2(1:50));
xlabel('时间/s');ylabel('幅度');
axis([0 0.5 -2*10^-14 2*10^-14]);
text(0.02,1.5*10^-14,'采样频率为 100Hz 的时域波形');
subplot(2,2,4);plot(n2* Fs2/N2,y2);
xlabel('频率/Hz');ylabel('幅度(功率)');
text(10,5*10^-29,'采样频率为 100Hz 的频谱');
figure
subplot(2,2,1);plot((0:49)/Fs3,x3(1:50));
xlabel('时间/s');ylabel('幅度');
axis([0 0.5 -1 1.5]);text(0.02,1.2,'采样频率为 101Hz 的时域波形');
subplot(2,2,2);plot(n3*Fs3/N3,y3);
xlabel('频率/Hz');ylabel('幅度(功率)');text(10,0.32,'采样频率为 101Hz 的频谱');
subplot(2,2,3);plot((0:49)/Fs4,x4(1:50));
xlabel('时间/s');ylabel('幅度');
axis([0 0.3 -1 1.5]);
text(0.02, 1.25,'采样频率为 150Hz 的时域波形');
subplot(2,2,4);plot(n4*Fs4/N4,y4);
xlabel('频率/Hz');ylabel('幅度(功率)');
text(10,0.35,'采样频率为 150Hz 的频谱');
```

程序运行结果如图 4-11 所示,信号实际频率为 50 Hz,现分析如下。

(1) 在采样频率为 80 Hz 时,频谱中有两个冲激,分别对应 30 Hz 和 50 Hz,50 Hz 的冲激与理论一致,30 Hz 的冲激为采样频率(80 Hz)与信号实际频率(50 Hz)之差,即 30 Hz 冲激其实是下一周期负频率对应的冲激,表明频谱前后周期之间出现了重叠,即

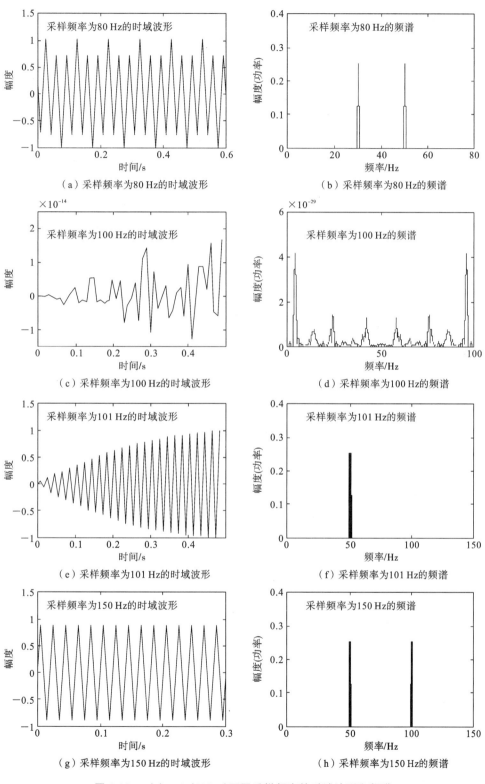

**图 4-11** $x(t)=\sin(100\pi t)$ 不同采样频率的时域波形和频谱

混叠。

（2）采样频率为 100 Hz 时，时域波形和频谱幅度均极小，近似为 0，时域波形杂乱无章，频谱也无规律可言，原因在于，采样频率刚好为频率的 2 倍，所以采样点刚好落在了幅值为 0 处，故几乎无信号。

（3）采样频率为 101 Hz 时，时域波形幅度由 0 逐渐递增至 1，频谱中有两个冲激，一个对应 50 Hz，一个对应 51 Hz（两个冲激距离很近），从时域来看出现了失真，从频域来看，基本没有混叠。

（4）采样频率为 150 Hz 时，时域波形与理论波形变化规律一致，但幅度没有达到最大理论值 1，频谱中有两个冲激，一个对应于 50 Hz，一个对应于 100 Hz，两者关于中心点 $N/2$ 对称，根据前面的分析可知，100 Hz 的冲激其实对应于下一周期的负频率的冲激，由于数字频率一般取 $-\pi \sim \pi$（对应于 $-N/2 \sim N/2$），故 100 Hz 的冲激没有影响。

因此，对于正弦信号，采样频率低于 $2f_h$ 时将出现频谱混叠。

**例 4-10** 试求频率为 50 Hz 的矩形波用采样频率为 400 Hz、500 Hz、600 Hz、1000 Hz 时采样所得序列的频谱，要求频率分辨率为 0.5 Hz。

**解** 矩形波是由基频的奇次谐波构成的，最高频率为 $+\infty$，因此无论如何都将产生频谱的混叠。但是随着频率的升高，其幅度衰减很快，因此，只要采样频率达到一定程度，就认为没有失真。在实际处理一些波形时也常采用这一方法。

程序如下。

```
deltf=0.5;                                          % 频率分辨频率
Fs1=400;Fs2=500;Fs3=600;Fs4=1000;                   % 采样频率
N1=Fs1/deltf;N2=Fs2/deltf;N3=Fs3/deltf;N4=Fs4/deltf;  % 采样点数
n1=0:N1-1;n2=0:N2-1;n3=0:N3-1;n4=0:N4-1;            % 采样点
x1=square(100*pi*n1/Fs1,50);x2=square(100*pi*n2/Fs2,50);  % 采样
x3=square(100*pi*n3/Fs3,50);x4=square(100*pi*n4/Fs4,50);  % 采样
y1=fft(x1);y2=fft(x2);y3=fft(x3);y4=fft(x4);        % 快速傅里叶变换
y1=abs(y1);y2=abs(y2);                              % 计算幅度
y3=abs(y3);y4=abs(y4);                              % 计算幅度
subplot(2,2,1);stem((0:49)/Fs1,x1(1:50));
xlabel('时间/s');ylabel('幅度');
axis([0 0.1 -2 2]);text(0.001,1.5,'采样频率为 400Hz 的时域波形');
subplot(2,2,2);plot(n1*Fs1/N1,y1);
xlabel('频率/Hz');ylabel('幅度');text(50,550,'采样频率为 400Hz 的频谱');
subplot(2,2,3);stem((0:49)/Fs2,x2(1:50));
xlabel('时间/s');ylabel('幅度');
axis([0 0.1 -2 2]);text(0.001,1.5,'采样频率为 500Hz 的时域波形');
subplot(2,2,4);plot(n2*Fs2/N2,y2);
xlabel('频率/Hz');ylabel('幅度');axis([0 500 0 800]);text(50,700,'采样频率
为 500Hz 的频谱');
figure
subplot(2,2,1);stem((0:49)/Fs3,x3(1:50));
xlabel('时间/s');ylabel('幅度');
axis([0 0.08 -2 2]);text(0.001,1.5,'采样频率为 600Hz 的时域波形');
```

```
subplot(2,2,2);plot(n3*Fs3/N3,y3);
xlabel('频率/Hz');ylabel('幅度');text(50,700,'采样频率为 600Hz 的频谱');
subplot(2,2,3);stem((0:49)/Fs4,x4(1:50));
xlabel('时间/s');ylabel('幅度');
axis([0 0.05 -2 2]);text(0.001,1.5,'采样频率为 1000Hz 的时域波形');
subplot(2,2,4);plot(n4*Fs4/N4,y4);
xlabel('频率/Hz');ylabel('幅度');text(50,1300,'采样频率为 1000Hz 的频谱');
```

　　程序运行结果如图 4-12 所示(为了能看出各次谐波的频谱,频谱图的纵坐标为绝对值),现分析如下。

　　(1) 在采样频率为 400 Hz 时,频谱图出现了比较明显的 4 个冲激,频率分别对应于 50 Hz、150 Hz、250 Hz、350 Hz。50 Hz 为基频,150 Hz 为 3 次谐波的频率,250 Hz 和 350 Hz 对应于下一周期的 3 次谐波频率和基频的负频率。显然没有 5 次谐波及以上的冲激,因为 5 次谐波频率为 250 Hz,采样频率 400 Hz 小于其 2 倍,出现了混叠失真。

　　(2) 在采样频率为 500 Hz 时,频谱与采样频率为 400 Hz 时类似,3 次谐波的冲激更加明显,采样频率刚好为 5 次谐波频率的 2 倍,但还是没有 5 次谐波的冲激。

　　(3) 在采样频率为 600 Hz 时,与采样频率为 500 Hz 时类似,但是在 250 Hz 处出现了冲激(相对幅度较小),对应于 5 次谐波。

　　(4) 在采样频率为 1000 Hz 时,基频、3 次谐波频率、5 次谐波频率和 7 次谐波频率(350 Hz)的冲激均很明显,9 次谐波(450 Hz)并不明显,说明矩形波在 7 次谐波以上的谐波可以忽略不计了。

**2. 对连续信号的频谱分析**

用快速傅里叶变换分析连续信号的频谱的步骤可总结如下:

　　(1) 根据信号的最高频率,按照采样定理的要求确定合适的采样频率 $f_s$;

　　(2) 根据频率分辨率的要求和式(4-6)确定频域采样点数 $N$,若没有明确要求频率分辨率,则根据实际需要确定频率分辨率;

　　(3) 进行 $N$ 点的快速傅里叶变换,最好将纵坐标用功率来表示,横坐标用模拟频率来表示;

　　(4) 根据所得结果进行分析。

　　**例 4-11**　试对信号 $x(t)=2\sin(30\pi t)-\cos(32\pi t)+\sin(60\pi t)$ 进行频谱分析。

　　**解**　信号中包含了 15 Hz、16 Hz 和 30 Hz 三种频率,最高频率为 30 Hz,所以采样频率不能低于 60 Hz,这里取 100 Hz。没有明确告诉频率分辨率,但是有两个频率仅相差 1 Hz,因此,频率分辨率不能低于 1 Hz,取 0.1 Hz。当然采样频率越高、频率分辨率越高,计算量就越大。

　　程序如下。

```
deltf=0.1;                                              % 频率分辨率
Fs=100;                                                 % 采样频率
N=Fs/deltf;                                             % 采样点数
n=0:N-1;                                                % 采样点
x=2*sin(30*pi*n/Fs)-cos(32*pi*n/Fs)+sin(60*pi*n/Fs);    % 采样
y=fft(x);                                               % 快速傅里叶变换
```

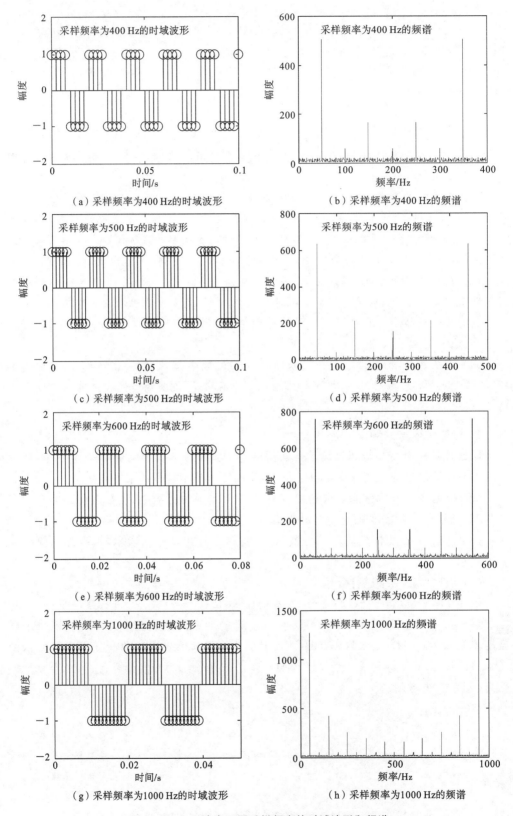

图 4-12　矩形波在不同采样频率的时域波形和频谱

```
ye=y.*conj(y);                                          % 计算能量
subplot(2,2,1);plot(n*Fs/N,real(y),'k');
xlabel('频率/Hz');ylabel('幅度');text(45,100,'实部');
subplot(2,2,2);plot(n*Fs/N,imag(y),'k');
xlabel('频率/Hz');ylabel('幅度');
axis([0 100 -1500 1500]);text(45,1200,'虚部');
subplot(2,2,3);plot(n*Fs/N,ye,'k');
xlabel('频率/Hz');ylabel('幅度');
axis([0 100 0 12e5]);text(45,10e5,'能量');
subplot(2,2,4);plot(n*Fs/N,ye/N^2,'k');
xlabel('频率/Hz');ylabel('幅度');
axis([0 100 0 1.5]);text(45,1.2,'功率');
```

程序运行结果如图 4-13 所示,实部对应的是 16 Hz 的余弦信号的频谱。虚部对应的是频率为 15 Hz 和 30 Hz 的正弦信号的频谱。在能量和功率的频谱中,15 Hz 和 16 Hz 两根谱线可分辨出来,功率频谱的幅度值与信号实际功率一致。因此,功率频谱的幅度具有较好的可比性。

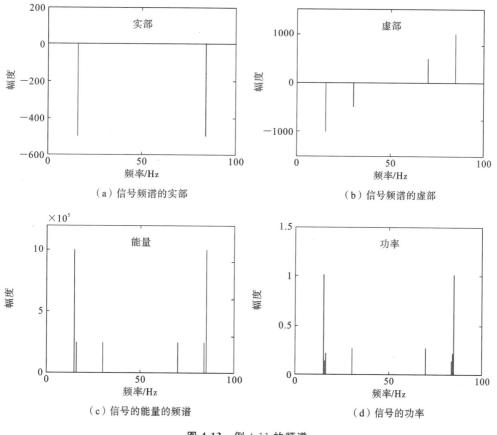

（a）信号频谱的实部　　　　　　　　（b）信号频谱的虚部

（c）信号的能量的频谱　　　　　　　（d）信号的功率

**图 4-13　例 4-11 的频谱**

## 4.5.2　计算线性卷积

一般计算的卷积往往是一个信号序列和一个系统的单位脉冲响应的卷积,这时,信号序列往往很长。当两个长序列或一个很长的序列和短序列进行线性卷积运算时,根据卷积的定义式可知,计算线性卷积的运算量很大,这时可以利用快速傅里叶变换来计算线性卷积。

**例 4-12**　试直接计算序列 $x(n) = 2\sin(30\pi n), 0 \leqslant n \leqslant 1999$ 和序列 $h(n) = \cos(10\pi n), 0 \leqslant n \leqslant 1999$ 的线性卷积。

**解**　可以将例 2-5 的程序稍加修改就可实现,程序不再给出,程序运行结果如下。

```
直接卷积耗用时间(s):
    2.969
```

例 4-12 表明,两个长度为 2000 的序列直接卷积耗用时间为 2.969 s,实际计算系统响应时,信号长度动辄上万甚至更长,耗用的时间就更长,难以满足实时性的要求。

根据离散傅里叶变换的循环卷积性质可知,两序列的循环卷积的离散傅里叶变换为两序列离散傅里叶变换的乘积。因此可以用快速傅里叶变换来计算序列的线性卷积,但是长度为 $N$ 和 $M$ 的两序列的线性卷积长度为 $N+M-1$,根据频域采样理论,离散傅里叶变换的点数不能小于 $N+M-1$,这样才能得到没有混叠的线性卷积。

用快速傅里叶变换计算序列 $x(n), 0 \leqslant n \leqslant N-1$ 和 $y(n), 0 \leqslant n \leqslant M-1$ 的线性卷积的步骤如下:

(1) 对长度为 $N$ 的序列 $x(n)$ 和长度为 $M$ 的序列 $y(n)$ 补零延长的长度为 $L=N+M-1$ 的序列;

(2) 分别计算 $x(n)$ 和 $y(n)$ 的 $L$ 点离散傅里叶变换,得 $X(k)$ 和 $Y(k)$;

(3) 计算 $X(k)Y(k)$ 的 $L$ 点离散傅里叶反变换即得 $x(n)$ 和 $y(n)$ 的线性卷积。

对于长序列的卷积运算,按照上述步骤,则在序列后面要补很多的零,这显然增加了运算量,有两种处理方式:一是采用重叠相加法,一是采用重叠保留法,可参看理论教材。

**例 4-13**　试用快速傅里叶变换计算例 4-12 的线性卷积。

**解**　程序如下。

```
Fs=100;N=2000;                          % 采样频率和采样点数
x=2*sin(30*pi*(0:N-1)/Fs);              % 序列
h=cos(10*pi*(0:N-1)/Fs);                % 序列
tic;                                    % 开始计时
fx=fft(x,2*N-1);                        % 2N-1点快速傅里叶变换
fh=fft(h,2*N-1);                        % 2N-1点快速傅里叶变换
y=ifft(x.*h,2*N-1);                     % 2N-1点的快速傅里叶变换
t=toc;                                  % 计时结束
disp('FFT 卷积耗用时间(s):');disp(t);   % 显示耗用时间
```

程序运行结果如下。

```
FFT 卷积耗用时间(s):
        0
```

用快速傅里叶变换计算卷积所耗用的时间可忽略不计。在 MATLAB 中用 conv()

函数来计算卷积,用 fftfilt( )函数重叠相加法来实现滤波,其实也就是卷积运算。fftfilt( )函数第一个参数为滤波器的单位脉冲响应,第二个参数为序列,卷积运算结果的长度等于序列的长度。序列的长度为 2000,程序如下。

```
Fs=100;N=2000;                              % 采样频率和采样点数
x=2*sin(30*pi*(0:N-1)/Fs);                  % 序列长度为 N
h=cos(10*pi*(0:N/2-1)/Fs);                  % 序列长度为 N/2
y1=fftfilt(h,x);                            % 计算卷积输出
disp('卷积结果的长度:');disp(length(y1));    % 显示序列长度
```

程序运行结果如下。

```
卷积结果的长度:
    2000
```

若调换 fftfilt( )函数中两个参数的顺序,则运行结果如下。

```
卷积结果的长度:
    1000
```

### 4.5.3　计算线性相关

相关运算也是数字信号处理中常用的运算,而且往往两个序列都很长。显然,直接计算线性相关,其运算量也很大。

**例 4-14**　试求序列 $x(n)=2\cos(10\pi n+2)$,$0{\leqslant}n{\leqslant}1999$ 受随机噪声干扰后和序列 $h(n)=\cos(10\pi n)$,$0{\leqslant}n{\leqslant}1999$ 的线性相关。

**解**　可以将例 2-6 修改即可,程序不再给出,程序运行结果如下。

```
直接相关运算耗用时间(s):
    0.4530
```

程序运行时间较短,当然如果相关的序列长度增长,时间也会增加。程序运行结果如图 4-14 所示(为了看清细节,图中仅显示前 100 点的数据),显然,相关运算的结果具有明显的频率为 5 Hz 的周期变化规律。但是刚开始时幅度较小,这是在开始部分,参与相关运算的点数较少导致的,可以采用一定的措施加以修正,如可以用相关运算的结果除以参与相关运算的总点数。

由第 1 章相关运算和卷积的运算关系,有

$$r_{xy}(m)=x(m)*y(-m)$$

显然,线性相关可以采用快速傅里叶变换计算线性卷积的方法来计算,只是一个序列要反转。对于实序列,有 $y(-n)$ 的离散傅里叶变换为 $Y^*(k)$,则计算线性相关与线性卷积不同之处在于计算的是 $X(k)Y^*(k)$ 的反变换。

**例 4-15**　试用快速傅里叶变换计算例 4-14 的线性相关。

**解**　程序与例 4-14 基本相同,要注意的是 $X(k)Y^*(k)$ 的反变换,程序不再给出,运行结果如下。

```
快速傅里叶变换相关耗用时间(s):
    0.0160
```

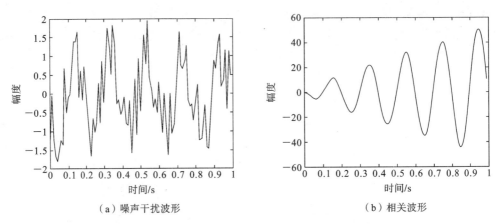

（a）噪声干扰波形        （b）相关波形

**图 4-14** 例 4-14 的噪声干扰波形和相关波形

图 4-15 所示的是受噪声干扰的波形和自相关波形，显然结果是理想的 5 Hz 周期波形。

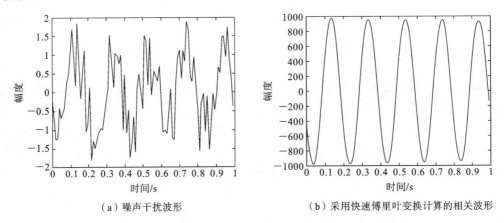

（a）噪声干扰波形        （b）采用快速傅里叶变换计算的相关波形

**图 4-15** 例 4-15 的噪声干扰波形和采用快速傅里叶变换计算的相关波形

在 MATLAB 中用 xcorr() 函数计算线性相关。

# 5

# 数字滤波器的设计

## 5.1　IIR 数字滤波器的设计

通常利用模拟滤波器的设计公式和大量的图表,来解决 IIR 数字滤波器的设计问题。

这种方法的关键就是如何将模拟滤波器的系统函数 $H(s)$ 转换为 IIR 数字滤波器的系统函数 $H(z)$,即如何实现 $s$ 平面到 $z$ 平面的映射,在映射过程中,必须满足以下两个条件。

(1) 必须保证模拟频率映射为数字频率,且保证两者的频率特性基本一致。这就要求变换 $s$ 平面的虚轴 $j\Omega$ 映射到 $z$ 平面的单位圆($z=e^{j\omega}$)上,且 IIR 数字滤波器的频率响应和模拟滤波器的频率响应基本保持不变。

(2) 保证将因果、稳定的模拟滤波器转换为 IIR 数字滤波器后,仍然是因果、稳定的。这就要求 $s$ 平面左半平面的极点必须映射到 $z$ 平面的单位圆内。

有许多方法可以实现这种映射,本文介绍两种常用的映射方法:一种是从时域的角度出发进行映射,称为脉冲响应不变法;另一种是从频域的角度出发进行映射,称为双线性变换法。

### 5.1.1　IIR 模拟低通滤波器的设计

给定 IIR 模拟低通滤波器的技术指标 $\delta_p$、$\delta_s$、$\Omega_p$ 和 $\Omega_s$,其中 $\delta_p$ 为通带允许的最大衰减,$\delta_s$ 为阻带应达到的最小衰减,$\delta_p$ 和 $\delta_s$ 的单位为 dB,$\Omega_p$ 为通带上限模拟角频率(也称为通带截止频率),$\Omega_s$ 为阻带下限模拟角频率(也称为阻带截止频率)。现设计一个模拟低通滤波器系统函数 $H(s)$,使其对数幅度响应 $10\times\lg|H(j\Omega)|^2$ ($H(j\Omega)=H(s)|_{s=j\Omega}$) 在 $\Omega_p$、$\Omega_s$ 处分别达到 $\delta_p$、$\delta_s$ 的要求。

由幅度平方特性 $|H(j\Omega)|^2$ 求模拟低通滤波器的系统函数 $H(s)$ 时,可以利用实函数的傅里叶变换存在共轭对称性的性质,即

$$H^*(j\Omega)=H(-j\Omega)$$

所以有

$$|H(j\Omega)|^2=H(j\Omega)H^*(j\Omega)=H(j\Omega)H(-j\Omega)$$

由于 $j\Omega$ 代表 $s$ 平面的虚轴,利用解析延拓可得

$$\left| H(\mathrm{j}\Omega) \right|^2 = H(\mathrm{j}\Omega) H(-\mathrm{j}\Omega) \big|_{s=\mathrm{j}\Omega} = H(s) H(-s)$$

为了得到因果、稳定的实有理系统函数,从幅度平方特性求得所需的系统函数的方法如下:

(1) 解析延拓,令 $s=\mathrm{j}\Omega$ 并代入 $\left| H(\mathrm{j}\Omega) \right|^2$,得到 $H(s)H(-s)$,并求其零点、极点;

(2) 取 $H(s)H(-s)$ 所有在左半平面的极点作为 $H(s)$ 的极点;

(3) 按需要的相位条件(如最小相位、混合相位等)取 $H(s)H(-s)$ 一半的零点作为 $H(s)$ 的零点。

显然,幅度平方特性 $\left| H(\mathrm{j}\Omega) \right|^2$ 在模拟滤波器的设计中起到了重要的作用。目前,人们已经给出了几种不同类型的 $\left| H(\mathrm{j}\Omega) \right|^2$ 表达式,它们代表了几种不同类型的滤波器,如巴特沃兹模拟低通滤波器、切比雪夫 I 型模拟低通滤波器、切比雪夫 II 型模拟低通滤波器、椭圆模拟低通滤波器等。

由于每一个滤波器的频率范围将直接取决于设计者的应用目的,因此应是千差万别的。为了使设计规范化,需要对滤波器的频率参数进行归一化处理,归一化的基准频率通常选用通带截止频率 $\Omega_{\mathrm{p}}$。设所给的实际频率为 $\Omega$,则归一化后的频率 $\lambda$ 为

$$\lambda = \Omega / \Omega_{\mathrm{p}} \tag{5-1}$$

显然 $\lambda_{\mathrm{p}}=1$,$\lambda_{\mathrm{s}}=\Omega_{\mathrm{s}}/\Omega_{\mathrm{p}}$,并令归一化复数变量为 $p$,$p=\mathrm{j}\lambda$,显然可以得出归一化后的复数变量 $p$ 与归一化前的复数变量 $s$ 之间的关系为

$$p = \mathrm{j}\lambda = \mathrm{j}\Omega / \Omega_{\mathrm{p}} = \frac{s}{\Omega_{\mathrm{p}}} \tag{5-2}$$

**1. 巴特沃兹模拟低通滤波器的设计**

巴特沃兹模拟低通滤波器的幅度平方特性为

$$\left| H(\mathrm{j}\Omega) \right|^2 = \frac{1}{1+(\Omega/\Omega_{\mathrm{c}})^{2N}} = \frac{1}{1+\left(\dfrac{\Omega}{\Omega_{\mathrm{p}}} \cdot \dfrac{\Omega_{\mathrm{p}}}{\Omega_{\mathrm{c}}}\right)^{2N}} \tag{5-3}$$

其中:$\Omega_{\mathrm{c}}$ 为通带 3 dB 截止频率;$N$ 为待定的滤波器阶数。令 $\lambda=\Omega/\Omega_{\mathrm{p}}$,即以 $\Omega_{\mathrm{p}}$ 为基准归一化处理,则有 $\lambda_{\mathrm{p}}=1$,$\lambda_{\mathrm{s}}=\Omega_{\mathrm{s}}/\Omega_{\mathrm{p}}$,$\lambda_{\mathrm{c}}=\Omega_{\mathrm{c}}/\Omega_{\mathrm{p}}$,因此,式(5-3)可表示为

$$\left| H(\mathrm{j}\Omega) \right|^2 = \frac{1}{1+\left(\dfrac{\lambda}{\lambda_{\mathrm{c}}}\right)^{2N}} \tag{5-4}$$

阶数 $N$ 为

$$N = \lg \sqrt{\frac{10^{\delta_{\mathrm{s}}/10}-1}{10^{\delta_{\mathrm{p}}/10}-1}} / \lg(\lambda_{\mathrm{s}}) \tag{5-5}$$

$\lambda_{\mathrm{c}}$ 为

$$\lambda_{\mathrm{c}} = \frac{\Omega_{\mathrm{c}}}{\Omega_{\mathrm{p}}} = \frac{\Omega_{\mathrm{s}}/\Omega_{\mathrm{p}}}{\sqrt[2N]{10^{\delta_{\mathrm{s}}/10}-1}} = \frac{\lambda_{\mathrm{s}}}{\sqrt[2N]{10^{\delta_{\mathrm{s}}/10}-1}} \tag{5-6}$$

巴特沃兹模拟低通滤波器的设计总结如下。

(1) 归一化处理。

令 $\lambda=\Omega/\Omega_{\mathrm{p}}$,根据已知的 $\Omega_{\mathrm{p}}$、$\Omega_{\mathrm{s}}$,则有 $\lambda_{\mathrm{p}}=1$,$\lambda_{\mathrm{s}}=\Omega_{\mathrm{s}}/\Omega_{\mathrm{p}}$。

(2) 求解 $\lambda_{\mathrm{c}}$ 和阶数 $N$。

根据式(5-5)求解阶数 $N$,根据式(5-6)求解 $\lambda_{\mathrm{c}}$。

(3) 构造归一化系统函数 $H(p)$。

$H(p)$的极点为

$$p_k = e^{j\frac{2k+N-1}{2N}\pi}, \quad k=1,2,\cdots,N$$

根据极点构造归一化系统函数 $H(p)$

$$H(p) = \frac{1}{(p-p_1)(p-p_2)\cdots(p-p_N)} \tag{5-7}$$

（4）求得巴特沃兹模拟低通滤波器的系统函数 $H(s)$

$$H(s) = H(p)\big|_{p=\frac{s}{\lambda_c \Omega_p}} \tag{5-8}$$

**例 5-1**  试设计一个巴特沃兹模拟低通滤波器，要求通带截止频率 $f_p=5$ kHz，通带最大衰减 $\delta_p=3$ dB，阻带起始频率 $f_s=10$ kHz，阻带最小衰减 $\delta_s=30$ dB。

**解**  因为 $\delta_p=3$ dB，所以 $\Omega_p=\Omega_c$，按照巴特沃兹模拟低通滤波器设计步骤进行编程，程序如下。

```
Ap=3;As=30;                              % 通带和阻带衰减
OmegaP=5000*2*pi;OmegaS=10000*2*pi;      % 通带、阻带截止频率
rp=1;rs=OmegaS/OmegaP;                    % 归一化处理
N=ceil((log10((10^(As/10)-1)/(10^(Ap/10)-1)))/(2*log10(rs)));
                                         % 确定阶数 N
fprintf('巴特沃兹模拟低通滤波器的阶数 N= .0f\n',N);
p=exp(i*(pi*(1:2:N-1)/(2*N)+pi/2));      % 左半平面极点
p=[p; conj(p)];p=p(:);p=[p;-1];
k=real(prod(-p));        % k是(-p)连乘多项式的系数
p=p*OmegaP;              % 反归一化,极点乘系数 OmegaP
k=k*OmegaP^N;            % k是N个极点相乘,反归一化乘 OmegaP 的 N 次方
b=k;                     % 巴特沃兹模拟低通滤波器分子多项式系数
a=real(poly(p));
% 巴特沃兹模拟低通滤波器分母多项式系数,分母是以极点 p 为解的多项式
disp('分子系数 b');        % 下面是显示分子、分母多项式系数
fprintf('% .4e    ',b);fprintf('\n');
disp('分母系数 a');fprintf('% .4e    ',a);fprintf('\n');
Omega=[0:200:15000*2*pi]; % 确定坐标轴范围
h=freqs(b,a,Omega);      % 得到巴特沃兹模拟低通滤波器的频率响应系数
Ampli=20*log10(abs(h));  % 求衰减的分贝
plot(Omega/(2*pi),Ampli); % 画出幅度响应曲线
xlabel('频率/Hz');
ylabel('幅度/dB');grid
```

程序运行结果如下。

```
巴特沃兹模拟低通滤波器的阶数 N=5
分子系数 b
3.0602e+022
分母系数 a
1.0000e+000  1.0166e+005  5.1678e+009  1.6235e+014  3.1522e+018
```

3.0602e+022

由图 5-1 可知,在 5 kHz 处,衰减为 3 dB,在 10 kHz 处,衰减为 30 dB,满足设计的指标要求。

例 5-1 也可以利用 MATLAB 自带的 buttord() 函数和 butter() 函数来实现,程序如下。

```
OmegaP=5000*2*pi;OmegaS=10000*2*pi;      % 通带、阻带截止频率
[n,Wn]=buttord(OmegaP,OmegaS,3,30,'s');
% 确定最小阶数 n 和反归一化截止频率 Wn
fprintf('巴特沃兹模拟低通滤波器的阶数 N=% .0f\n',n);
[b,a]=butter(n,Wn,'s');
% b、a 分别为巴特沃兹模拟低通滤波器的分子、分母按降幂排列的多项式系数
disp('分子系数 b');                        % 下面显示分子、分母多项式系数
fprintf('%.4e    ',b);fprintf('\n');
disp('分母系数 a');fprintf('%.4e    ',a);fprintf('\n');
Omega=[0:200:15000*2*pi];                 % 确定坐标轴范围
h=freqs(b,a,Omega);
% 得到巴特沃兹模拟低通滤波器的频率响应系数
Ampli=20*log10(abs(h));                    % 求衰减的分贝
plot(Omega/(2*pi),Ampli);                  % 画出幅度响应曲线
xlabel('频率/Hz');
ylabel('幅度/dB');grid
```

程序运行结果如下。

```
巴特沃兹模拟低通滤波器的阶数 N=5
分子系数 b
0.0000e+00   0.0000e+00   0.0000e+00   0.0000e+00   0.0000e+00   3.0983e+22
分母系数 a
1.0000e+00   1.0192e+05   5.1934e+09   1.6356e+14   3.1835e+18   3.0983e+22
```

图 5-2 所示的也满足设计指标要求,与图 5-1 所示的没有差别。

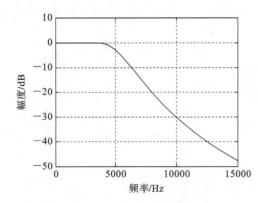

图 5-1  例 5-1 的幅频特性曲线

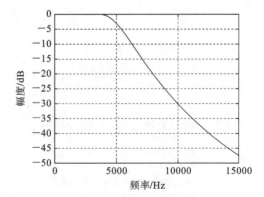

图 5-2  例 5-1 调用 buttord() 函数和 butter() 函数设计的幅频特性

**2. 切比雪夫Ⅰ型模拟低通滤波器的设计**

切比雪夫Ⅰ型模拟低通滤波器的幅度平方特性为

$$|H(j\Omega)|^2 = \frac{1}{1+\varepsilon^2 C_N^2(\Omega)} \tag{5-9}$$

其中：$\varepsilon$ 为小于 1 的正数，是控制通带纹波大小的一个参数，$\varepsilon$ 越大，通带纹波也越大；$C_N(\Omega)$ 是 $N$ 阶切比雪夫多项式，定义为

$$C_N(\Omega) = \begin{cases} \cos[N\arccos(\Omega)], & |\Omega| \leqslant 1 \\ \cos[N\operatorname{arcosh}(\Omega)], & |\Omega| > 1 \end{cases} \tag{5-10}$$

在设计切比雪夫Ⅰ型模拟低通滤波器时，采用频率归一化的方法，将式(5-10)的变量换成归一化频率 $\lambda$，即切比雪夫多项式为

$$C_N(\lambda) = \begin{cases} \cos[N\arccos(\lambda)], & |\lambda| \leqslant 1 \\ \cos[N\operatorname{arcosh}(\lambda)], & |\lambda| > 1 \end{cases} \tag{5-11}$$

当 $\lambda = 1$ 时，对应 $\Omega = \Omega_p$。当 $\lambda \leqslant 1$，即 $\Omega \leqslant \Omega_p$ 时的通带内，切比雪夫多项式具有等纹波特性，这样可保证其具有幅度平方特性，即

$$|H(j\lambda)|^2 = \frac{1}{1+\varepsilon^2 C_N^2(\lambda)} \tag{5-12}$$

在通带内也具有等波纹特性，保证了通带内的衰减呈等纹波均匀分布，其纹波幅度大小取决于 $\varepsilon$ 的值。而当 $\lambda > 1$，即 $\Omega > \Omega_p$ 时，在通带外，随着 $\lambda$ 增加，$C_N^2(\lambda)$ 单调增加，而 $|H(j\lambda)|^2$ 单调下降。

切比雪夫Ⅰ型模拟低通滤波器的设计分为以下三个步骤。

（1）将频率归一化，得到归一化的幅度平方特性，即式(5-12)。

（2）求 $\varepsilon$ 和 $N$。

计算

$$\varepsilon^2 = 10^{\delta_p/10} - 1 \tag{5-13}$$

$$N = \frac{\operatorname{arcosh}\left(\sqrt{\dfrac{10^{\delta_s/10}-1}{10^{\delta_p/10}-1}}\right)}{\operatorname{arcosh}(\lambda_s)} \tag{5-14}$$

（3）确定归一化系统函数 $H(p)$。

确定极点，极点为

$$p_k = \sin\left[\frac{(2k-1)\pi}{2N}\right]\sinh\left[\frac{1}{N}\operatorname{arsinh}\left(\frac{1}{\varepsilon}\right)\right]$$
$$+ j\cos\left[\frac{(2k-1)\pi}{2N}\right]\cosh\left[\frac{1}{N}\operatorname{arsinh}\left(\frac{1}{\varepsilon}\right)\right] \tag{5-15}$$

其中：$k = 1, 2, \cdots, N$。

构造归一化系统函数 $H(p)$，即

$$H(p) = \frac{1}{\varepsilon \times 2^{N-1}\displaystyle\prod_{k=1}^{N}(p-p_k)} \tag{5-16}$$

（4）得到的实际系统函数为 $H(s)$，即

$$H(s) = H(p)\Big|_{p=\frac{s}{\Omega_p}} = \frac{\Omega_p^N}{\varepsilon \times 2^{N-1}\displaystyle\prod_{k=1}^{N}(s-p_k\Omega_p)} \tag{5-17}$$

**例 5-2** 设计一个切比雪夫 I 型模拟低通滤波器,通带最高频率 $f_p=3\text{ MHz}$,阻带起始频率 $f_s=12\text{ MHz}$,要求通带衰减小于 0.1 dB,阻带衰减大于 60 dB。

**解** 按照切比雪夫 I 型模拟低通滤波器设计步骤进行编程,程序如下。

```
Ap=0.1;As=60;                              % 通带和阻带衰减
OmegaP=3000000*2*pi;OmegaS=12000000*2*pi;
                                           % 通带、阻带截止频率
rp=1;rs=OmegaS/OmegaP;                      % 归一化处理
N=ceil((acosh(sqrt((10^(As/10)-1)/(10^(Ap/10)-1))))/(acosh(rs)));
                                           % 确定阶数 N
fprintf('切比雪夫 I 型模拟低通滤波器的阶数 N=% Of\n',N);
epsilon=sqrt(10^(.1*Ap)-1);                % 计算系数 ε
mu=asinh(1/epsilon)/N;
p=exp(j*(pi*(1:2:2*N-1)/(2*N)+pi/2)).';
p=sinh(mu)*real(p)+j*cosh(mu)*imag(p);     % 左半平面的极点
k=real(prod(-p));                          % k 是(-p)连乘多项式的系数
k=k/sqrt((1+epsilon^2));
p=p*OmegaP;                                % 反归一化,极点乘系数 OmegaP
k=k*OmegaP^N;                              % k 是 N 个极点相乘,反归一化乘 OmegaP 的 N 次方
b=k;                                       % 切比雪夫 I 型模拟低通滤波器分子多项式系数
a=real(poly(p));
% 切比雪夫 I 型模拟低通滤波器分母多项式系数,分母是以极点 p 为解的多项式
disp('分子系数 b');                         % 下面显示分子、分母多项式系数
fprintf('%.4e   ',b);fprintf('\n');
disp('分母系数 a');fprintf('% .4e   ',a);fprintf('\n');
Omega=[0:2000:15000000*2*pi];% 确定坐标轴范围
h=freqs(b,a,Omega);                        % 得到切比雪夫 I 型模拟低通滤波器的频率响应系数
Ampli=20*log10(abs(h));                    % 求衰减的分贝
plot(Omega/(2*pi),Ampli);                  % 画出幅度响应曲线
xlabel('频率/Hz');ylabel('幅度/dB');grid
```

程序运行结果如下。

```
切比雪夫 I 型模拟低通滤波器的阶数 N=5
分子系数 b
9.6333e+035
分母系数 a
1.0000e+000  3.2873e+007  9.8445e+014  1.6053e+022  1.8123e+029  9.7448e+035
```

图 5-3 所示的为该滤波器的幅度特性曲线,在通带截止频率 3 MHz 处,衰减为 0.197 dB,大于 0.1 dB,在阻带截止频率 12 MHz 处,衰减为 67.37 dB,满足设计要求。

例 5-2 也可以利用 MATLAB 自带的 cheb1ord() 函数和 cheby1() 函数来实现,程序如下。

```
Ap=0.1;As=60;                              % 通带和阻带衰减
OmegaP=3000000*2*pi; OmegaS=12000000*2*pi;% 通带、阻带截止频率
[n,Wn]=cheb1ord(OmegaP,OmegaS,Ap,As,'s');
% 确定最小阶数 n 和反归一化截止频率 Wn
```

```
fprintf('切比雪夫Ⅰ型模拟低通滤波器的阶数 N=% 0f\n',n);
[b,a]=cheby1(n,Ap,Wn,'s');
% b,a 分别为切比雪夫Ⅰ型模拟低通滤波器的分子、分母按降幂排列的多项式系数
disp('分子系数 b');                        % 下面是显示分子、分母多项式系数
fprintf('%.4e    ',b);fprintf('\n');
disp('分母系数 a');fprintf('%.4e    ',a);fprintf('\n');
Omega=[0:2000:15000000*2*pi];              % 确定坐标轴范围
h=freqs(b,a,Omega);
% 得到切比雪夫Ⅰ型模拟低通滤波器的频率响应系数
Ampli=20*log10(abs(h));                    % 求衰减的分贝
plot(Omega/(2*pi),Ampli);                  % 画出幅度响应曲线
xlabel('频率/Hz');ylabel('幅度/dB');grid
```

程序运行结果如下。

```
切比雪夫Ⅰ型模拟低通滤波器的阶数 N=5
分子系数 b
0.0000e+000   0.0000e+000   0.0000e+000   0.0000e+000   0.0000e+000   9.7448e+035
分母系数 a
1.0000e+000   3.2873e+007   9.8445e+014   1.6053e+022   1.8123e+029   9.7448e+035
```

本方法设计的切比雪夫Ⅰ型模拟低通滤波器的幅度特性与图 5-3 所示的相同,如图 5-4 所示。

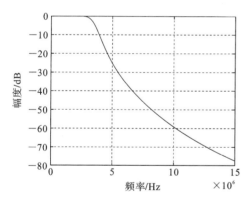

图 5-3 例 5-2 的幅频特性

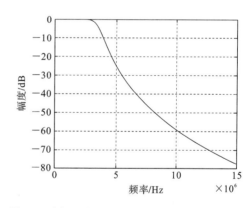

图 5-4 例 5-2 调用 cheb1ord( )函数和 cheby1( ) 函数设计的幅频特性

### 5.1.2 用脉冲响应不变法设计 IIR 数字低通滤波器

脉冲响应不变法从时域出发,使求得的 IIR 数字滤波器的单位脉冲响应 $h(n)$ 等于模拟滤波器的单位冲激响应 $h(t)$ 的采样值,即

$$h(n)=h(t)\big|_{t=nT_s} \tag{5-18}$$

其中:$T_s$ 为采样间隔。采用脉冲响应不变法时,得到了模拟滤波器的系统函数 $H(s)$ 后,根据拉普拉斯反变换,可求得模拟滤波器的单位冲激响应,即

$$h(t)=L^{-1}\big[H(s)\big]$$

然后对 $h(t)$ 以 $T_s$ 为间隔进行采样,得到

$$h(n) = h(nT_s)$$

再对 $h(n)$ 进行 $Z$ 变换就可得到 IIR 数字滤波器的系统函数 $H(z)$，从而完成对 IIR 数字滤波器的设计。由于在时域当中进行采样，故要求 IIR 模拟滤波器的频率响应是带限于折叠频率 $f_s/2 \left( f_s = \dfrac{1}{T_s} \text{为采样频率} \right)$ 之内，否则会在频域造成混叠失真，显然，脉冲响应不变法不适合设计高通、带阻等滤波器。

由归一化模拟低通滤波器的系统函数 $H(p)$ 得到数字滤波器的系统函数 $H(z)$ 的公式为

$$H(s) = H(p)\big|_{p=\frac{s}{\Omega_p}} = \sum_{k=1}^{N} \frac{A_k}{(s/\Omega_p) - p_k} = \sum_{k=1}^{N} \frac{A_k \Omega_p}{s - p_k \Omega_p} \tag{5-19}$$

其中：$A_k$ 为 $H(p)$ 部分分式分解的系数；$p_k$ 为 $H(p)$ 的单阶极点。其拉普拉斯反变换为

$$h(t) = \sum_{k=1}^{N} A_k \Omega_p e^{p_k \Omega_p t} u(t) \tag{5-20}$$

对 $T_s h(t)$ 进行采样，得

$$h(n) = \sum_{k=1}^{N} T_s A_k \Omega_p \left( e^{p_k \Omega_p T_s} \right)^n u(n) \tag{5-21}$$

再对 $h(n)$ 进行 $Z$ 变换，得

$$H(z) = \sum_{k=1}^{N} \frac{A_k \Omega_p T_s}{1 - e^{p_k \Omega_p T_s} z^{-1}} = \sum_{k=1}^{N} \frac{A_k \omega_p}{1 - e^{p_k \omega_p} z^{-1}} \tag{5-22}$$

其中：$\omega_p = T_s \Omega_p$ 为数字滤波器的通带截止数字频率。这样，用脉冲响应不变法，就可直接根据归一化的模拟低通滤波器系统函数 $H(p)$ 得到 IIR 数字低通滤波器。若是巴特沃兹模拟低通滤波器，则要根据式(5-6)计算 $\lambda_c$，并将式(5-22)中的 $\omega_p$ 乘以系数 $\lambda_c$，即

$$H(z) = \sum_{k=1}^{N} \frac{A_k \lambda_c \Omega_p T_s}{1 - e^{p_k \lambda_c \Omega_p T_s} z^{-1}} = \sum_{k=1}^{N} \frac{A_k \lambda_c \omega_p}{1 - e^{p_k \lambda_c \omega_p} z^{-1}} \tag{5-23}$$

**例 5-3** 试用脉冲响应不变法设计巴特沃兹数字低通滤波器，通带截止频率 $\omega_p$ 为 $0.2\pi$，阻带下限频率 $\omega_s$ 为 $0.4\pi$，通带最大衰减 $\delta_p$ 为 3 dB，阻带最小衰减 $\delta_s$ 为 20 dB，给定 $T_s$ 为 0.001 s。

**解** 利用 MATLAB 自带的 buttord() 函数和 butter() 函数来实现模拟滤波器的设计，利用 impinvar() 函数来实现用脉冲响应不变法将模拟滤波器转换为巴特沃兹数字低通滤波器，程序如下。

```
Ts=0.001;
Ap=3;As=20;
OmegaP=0.2*pi/Ts;OmegaS=0.4*pi/Ts;        % 模拟通带、阻带截止频率
[n,Wn]=buttord(OmegaP,OmegaS,Ap,As,'s');
% 确定最小阶数 n 和反归一化截止频率 Wn
fprintf('巴特沃兹数字低通滤波器的阶数 N=% .0f\n',n);
[b,a]=butter(n,Wn,'s');
% b、a 分别为模拟滤波器的分子、分母按降幂排列的多项式系数
[bz,az]=impinvar(b,a,1/Ts);
% 脉冲响应不变法得到巴特沃兹数字低通滤波器的分子、分母系数
disp('分子系数 b');                        % 下面显示分子、分母多项式系数
fprintf('% .4e    ',bz);fprintf('\n');
```

```
disp('分母系数 a');fprintf('% .4e    ',az);fprintf('\n');
omega=[0:0.01:pi];                    % 确定坐标轴范围
h=freqz(bz,az,omega);                 % 得到模拟滤波器的单位冲激响应系数
Ampli=20*log10(abs(h)/abs(h(1)));     % 求衰减的分贝
subplot(2,1,1);plot(omega/pi,Ampli,'k');;
% 显示巴特沃兹数字低通滤波器的幅度响应
xlabel('数字频率/\pi');ylabel('幅度/dB');grid;
subplot(2,1,2);theta=phasez(bz,az,omega);
% 巴特沃兹数字低通滤波器的相位响应及其坐标值
plot(omega/pi,theta*360/(2*pi),'k');
% 显示巴特沃兹数字低通滤波器的相位响应
xlabel('数字频率/\pi');ylabel('相位/(°)');grid;
```

程序运行结果如下。

```
巴特沃兹数字低通滤波器的阶数 N＝4
分子系数 b
4.5475e-16    2.5723e-02    6.3516e-02    1.0229e-02    0.0000e+00
分母系数 a
1.0000e+00    -2.2134e+00    2.0663e+00    -9.1085e-01    1.5741e-01
```

图 5-5 所示的为其幅度特性曲线,在通带截止频率 $0.2\pi$ 处,衰减为 1.452 dB,在阻带截止频率 $0.4\pi$ 处,衰减为 20.1 dB,满足设计指标要求,但滤波器在通带内不具有严格的线性相位特性。

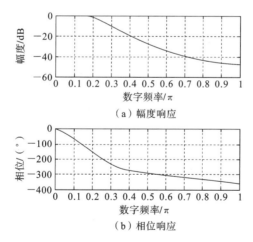

（a）幅度响应

（b）相位响应

**图 5-5** 例 5-3 的频率响应

### 5.1.3 用双线性变换法设计 IIR 数字低通滤波器

双线性变换关系为

$$s=\frac{2}{T_s}\frac{1-z^{-1}}{1+z^{-1}} \tag{5-24}$$

模拟角频率和数字频率之间的关系为

$$\Omega=\frac{2}{T_s}\tan\left(\frac{\omega}{2}\right) \tag{5-25}$$

$$\omega = 2\arctan\left(\frac{\Omega T_s}{2}\right) \tag{5-26}$$

其中：$T_s$ 为采样间隔。这是由 $s$ 平面到 $z$ 平面的一种新的映射关系。当 $\omega$ 由 0 变到 $\pi$ 时，$\tan(\omega/2)$ 由 0 变到 $+\infty$；当 $\omega$ 由 0 变到 $-\pi$ 时，$\tan(\omega/2)$ 由 0 变到 $-\infty$，即 $s$ 平面的整个虚轴 j$\Omega$ 只映射到 $z$ 平面单位圆一周，这种频率映射关系利用了正切函数的非线性特点，把整个 j$\Omega$ 压缩到了 $-\pi\sim\pi$，即单位圆一周。从而使得 $s$ 平面到 $z$ 平面之间的映射变为一一对应的关系，避免了混叠现象。这种映射关系能保证以下几点。

（1）$s$ 平面的整个虚轴 j$\Omega$ 只映射为 $z$ 平面的单位圆一周。

（2）若 $H(s)$ 是稳定的，由 $H(s)$ 映射得到的 $H(z)$ 也应该是稳定的。

（3）这种映射是可逆的，既能由 $H(s)$ 得到 $H(z)$，也能由 $H(z)$ 得到 $H(s)$。

（4）若 $H(\mathrm{j}\Omega)\big|_{\Omega=0}=1$，则 $H(\mathrm{e}^{\mathrm{j}\omega})\big|_{\omega=0}=1$。

双线性变换法设计 IIR 数字滤波器的步骤如下。

（1）将已知的数字频率指标 $\omega_p$、$\omega_s$、$\delta_p$ 和 $\delta_s$ 变换为模拟滤波器的频率指标（注意：若不是由归一化模拟低通滤波器用双线性变换法设计 IIR 数字滤波器，常数 $\frac{2}{T_s}$ 就不能省略）为

$$\Omega_p = \tan\left(\frac{\omega_p}{2}\right), \quad \Omega_s = \tan\left(\frac{\omega_s}{2}\right)$$

衰减特性指标 $\delta_p$ 及 $\delta_s$ 不变。

（2）再按设计模拟低通滤波器的方法求得归一化模拟滤波器的系统函数 $H(p)$。

（3）通过如下的变量代换得到数字滤波器的系统函数 $H(z)$，即

$$H(z)=H(s)\big|_{s=\frac{1}{\Omega_p}\frac{1-z^{-1}}{1+z^{-1}}} \tag{5-27}$$

若是巴特沃兹滤波器，则根据式（5-6）计算 $\lambda_c$，并将式（5-27）中的变量代换关系除以系数 $\lambda_c$，即

$$H(z)=H(s)\big|_{s=\frac{1}{\lambda_c\Omega_p}\frac{1-z^{-1}}{1+z^{-1}}} \tag{5-28}$$

**例 5-4** 试用双线性变换法设计巴特沃兹数字低通滤波器，技术指标与例 5-3 的相同，即通带截止频率 $\omega_p$ 为 $0.2\pi$，阻带下限频率 $\omega_s$ 为 $0.4\pi$，通带最大衰减 $\delta_p$ 为 3 dB，阻带最小衰减 $\delta_s$ 为 20 dB，给定 $T_s$ 为 0.001 s。

**解** 利用 MATLAB 自带的 buttord() 函数和 butter() 函数来实现模拟滤波器的设计，利用 bilinear() 函数来实现用双线性变换法将模拟滤波器转换为巴特沃兹数字低通滤波器，程序如下。

```
Ts=0.001;
Ap=3;As=20;
OmegaP=2*tan(0.2*pi/2)/Ts;              % 模拟通带截止频率
OmegaS=2*tan(0.4*pi/2)/Ts;              % 模拟阻带截止频率
[n,Wn]=buttord(OmegaP,OmegaS,Ap,As,'s'); % 确定最小阶数 n 和反归一化截止频
                                          率 Wn
fprintf('巴特沃兹数字低通滤波器的阶数 N=%.0f\n',n);
[b,a]=butter(n,Wn,'s');
% b、a 分别为模拟滤波器的分子、分母按降幂排列的多项式系数
[bz,az]=bilinear(b,a,1/Ts);
```

```
% 双线性变换法得到巴特沃兹数字低通滤波器的分子、分母系数
disp('分子系数 b');                  % 下面显示分子、分母多项式系数
fprintf('% .4e    ',bz);fprintf('\n');
disp('分母系数 a');
fprintf('% .4e    ',az);fprintf('\n');
omega=[0:0.01:pi];                  % 确定坐标轴范围
h=freqz(bz,az,omega);              % 得到模拟滤波器的单位冲激响应系数
Ampli=20*log10(abs(h));           % 求衰减的分贝
subplot(2,1,1);
plot(omega/pi,Ampli,'k');;        % 显示巴特沃兹数字低通滤波器的幅度响应
xlabel('数字频率/\pi');
ylabel('幅度/dB');grid;
subplot(2,1,2);
theta=phasez(bz,az,omega);        % 巴特沃兹数字低通滤波器的相位响应及其坐标值
plot(omega/pi,theta*360/(2*pi),'k');
% 显示巴特沃兹数字低通滤波器的相位响应
xlabel('数字频率/\pi');
ylabel('相位/(°)');grid;
```

程序运行结果如下。

```
巴特沃兹数字低通滤波器的阶数 N=3
分子系数 b
1.9844e-002      5.9533e-002      5.9533e-002      1.9844e-002
分母系数 a
1.0000e+000     -1.7153e+000      1.1387e+000     -2.6467e-001
```

图 5-6 所示的为该滤波器的幅度特性曲线,在通带截止频率 $0.2\pi$ 处,衰减为 $2.566$ dB,在阻带截止频率 $0.4\pi$ 处,衰减为 $20.09$ dB。和例 5-3 脉冲响应不变法相比,虽然阶数小了,但满足设计指标要求,说明在相同技术指标下,脉冲响应不变法和双线性变换法设计的结果不一定相同。通带内仍然不具有严格的线性相位特性。

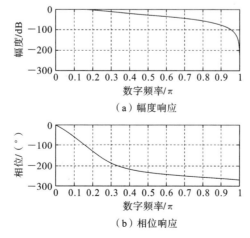

（a）幅度响应

（b）相位响应

**图 5-6 例 5-4 的频率响应**

buttord()函数和 butter()函数其实可以直接用双线性变换法来设计 IIR 数字滤波器,即 buttord()函数直接用以 π 归一化后的数字频率,并在 buttord()函数和 butter()函数中不加模拟滤波器的控制字符"s"即可。注意,直接调用 buttord()函数和 butter()函数设计 IIR 数字滤波器时,不需要将数字频率通过非线性关系转换为模拟频率。设计程序如下。

```
Ap=3;As=20;
OmegaP=0.2*pi;                          % 数字通带截止频率
OmegaS=0.4*pi;                          % 数字阻带截止频率
[n,Wn]=buttord(OmegaP/pi,OmegaS/pi,Ap,As);
% 确定最小阶数 n 和反归一化截止频率 Wn
fprintf('IIR 数字滤波器的阶数 N=%.0f\n',n);
[bz,az]=butter(n,Wn);
% bz、az 分别为 IIR 数字滤波器的分子、分母按降幂排列的多项式系数
disp('分子系数 b');                      % 下面是显示分子、分母多项式系数
fprintf('%.4e    ',bz);fprintf('\n');
disp('分母系数 a');
fprintf('%.4e    ',az);fprintf('\n');
omega=[0:0.01:pi];                       % 确定坐标轴范围
h=freqz(bz,az,omega);                    % 得到 IIR 数字滤波器的单位冲激响应系数
Ampli=20*log10(abs(h));                  % 求衰减的分贝
subplot(2,1,1);plot(omega/pi,Ampli,'k');;  % 显示 IIR 数字滤波器的幅度响应
xlabel('数字频率/\pi');ylabel('幅度/dB');grid;
subplot(2,1,2);theta=phasez(bz,az,omega);
                                         % IIR 数字滤波器的相位响应及其坐标值
plot(omega/pi,theta*360/(2*pi),'k');  % 显示 IIR 数字滤波器的相位响应
xlabel('数字频率/\pi');ylabel('相位/(°)');grid;
```

程序运行结果与例 5-4 所示的程序进行结果完全相同,显然本程序更简单。

### 5.1.4 IIR 其他各型数字滤波器的设计

设计 IIR 其他各型数字滤波器,如高通、带通、带阻等滤波器,在理论上有两种方法:一种方法是将归一化模拟低通滤波器通过频率变换得到其他类型的模拟滤波器,然后再通过双线性变换法得到对应的数字滤波器;另一种方法就是将归一化模拟低通滤波器通过双线性变换法变换成为数字低通滤波器,然后再通过频率变换得到对应类型的滤波器。两种方法如图 5-7 所示。

**图 5-7  数字高通、带通和带阻滤波器设计的两种基本方法**

用 MATLAB 设计其他各型数字滤波器时比较简单,只要调用有关函数,加上滤波

器类型控制字符,即可方便地实现各种数字滤波器,其设计的基本原理是上述的第一种方法,即将归一化模拟低通滤波器通过频率变换得到其他类型的模拟滤波器,然后再通过双线性变换法得到对应的数字滤波器。

**1. IIR 数字高通滤波器的设计**

设计数字高通滤波器的具体步骤如下。

(1)将数字高通滤波器的技术指标 $\omega_p$、$\omega_s$、$\delta_p$ 和 $\delta_s$ 变换为模拟高通滤波器的频率指标,即

$$\Omega_p = \tan\left(\frac{\omega_p}{2}\right), \quad \Omega_s = \tan\left(\frac{\omega_s}{2}\right)$$

衰减特性指标 $\delta_p$ 和 $\delta_s$ 不变,并通过归一化处理,得 $\eta_p = 1$,$\eta_s = \Omega_s/\Omega_p$。

(2)利用频率变换关系 $\lambda\eta = 1$,将模拟高通滤波器的归一化频率转换为模拟低通滤波器的归一化频率 $\lambda_p = 1$,$\lambda_s = \Omega_p/\Omega_s$,并有归一化变量 $p = \mathrm{j}\lambda$。

(3)设计模拟低通滤波器,得到归一化模拟低通滤波器系统函数 $H(p)$。

(4)经过变量代换,得到数字高通滤波器的系统函数 $H(z)$,即

$$H(z) = H(p)\big|_{p = \Omega_p \frac{1+z^{-1}}{1-z^{-1}}} \tag{5-29}$$

若是巴特沃兹数字高通滤波器,则根据式(5-6)计算 $\lambda_c$,并将式(5-29)中的变量代换关系除以系数 $\lambda_c$,即

$$H(z) = H(p)\big|_{p = \frac{\Omega_p}{\lambda_c} \frac{1+z^{-1}}{1-z^{-1}}} \tag{5-30}$$

在 MATLAB 的 butter() 函数中加上控制符"high"就能实现高通滤波器的设计。

**例 5-5** 试设计数字高通滤波器,要求通带下限频率 $\omega_p$ 为 $0.8\pi$,阻带上限频率 $\omega_s$ 为 $0.44\pi$,通带衰减不大于 3 dB,阻带衰减不小于 20 dB。

**解** 设计满足上述指标的巴特沃兹数字高通滤波器的程序如下。

```
Ap=3;As=20;
OmegaP=0.8*pi; OmegaS=0.44*pi;          % 通带、阻带截止频率
[n,Wn]=buttord(OmegaP/pi,OmegaS/pi,Ap,As);
                                        % 确定最小阶数 n 和反归一化截止频率 Wn
fprintf('巴特沃兹数字高通滤波器的阶数N=%.0f\n',n);
[bz,az]=butter(n,Wn,'high');
% 加上字符'high'表示是设计巴特沃兹数字高通滤波器
disp('分子系数b');                        % 下面显示分子、分母多项式系数
fprintf('%.4e    ',bz);fprintf('\n');
disp('分母系数a');fprintf('%.4e    ',az);fprintf('\n');
Omega=[0:0.01:pi];                       % 确定坐标轴范围
freqz(bz,az,Omega);   % 直接绘制巴特沃兹数字高通滤波器的幅度特性和相位特性
```

程序运行结果如下。

```
巴特沃兹数字高通滤波器的阶数N=2
分子系数b
8.6957e-02    -1.7391e-01    8.6957e-02
分母系数a
1.0000e+00    1.0104e+00    3.5819e-01
```

图 5-8 所示的为其幅度特性和相位特性曲线。在通带截止频率 $0.8\pi$ 处,衰减为 $1.842$ dB,在阻带截止频率 $0.44\pi$ 处,衰减为 $20.04$dB。巴特沃兹数字高通滤波器在通带内不具有严格的线性相位特性。

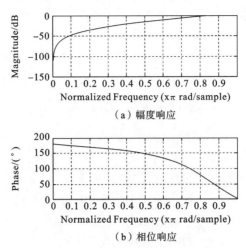

（a）幅度响应

（b）相位响应

**图 5-8 例 5-5 的频率响应**

设计满足上述指标的切比雪夫 Ⅰ 型数字高通滤波器的部分程序如下。

```
[n,Wn]=cheb1ord(OmegaP/pi,OmegaS/pi,Ap,As);
% 确定最小阶数 n 和反归一化截止频率 Wn
fprintf('切比雪夫Ⅰ型数字高通滤波器的阶数 N=%.0f\n',n);
[bz,az]=cheby1(n,Ap,Wn,'high');
% 加上字符'high'表示是设计切比雪夫Ⅰ型数字高通滤波器
disp('分子系数 b');                          % 下面显示分子、分母多项式系数
fprintf('%.4e    ',bz);fprintf('\n');
disp('分母系数 a');fprintf('%.4e    ',az);fprintf('\n');
Omega=[0:0.01:pi];                           % 确定坐标轴范围
freqz(bz,az,Omega);
% 直接绘制切比雪夫Ⅰ型数字高通滤波器的幅度特性和相位特性
```

程序运行结果如下。

```
切比雪夫Ⅰ型数字高通滤波器的阶数 N=2
分子系数 b
4.1200e-02    - 8.2399e-02    4.1200e-02
分母系数 a
1.0000e+00    1.4409e+00    6.7368e-01
```

图 5-9 所示的为其幅度特性和相位特性曲线。由图 5-9 可知,在通带截止频率 $0.8\pi$ 处,衰减为 $2.803$ dB,在阻带截止频率 $0.44\pi$ 处,衰减为 $28.55$ dB。切比雪夫 Ⅰ 型数字高通滤波器在通带内仍然不具有严格的线性相位特性。

**2. IIR 数字带通滤波器的设计**

IIR 数字带通滤波器一般有四个频率指标 $\omega_{sl}$、$\omega_{pl}$、$\omega_{ph}$、$\omega_{sh}$ 和两个幅度衰减特性指标 $\delta_s$、$\delta_p$,$\omega_{pl}$ 和 $\omega_{ph}$ 分别是通带的下限频率和上限频率,$\omega_{sl}$ 是下阻带的上限频率,$\omega_{sh}$ 是上阻

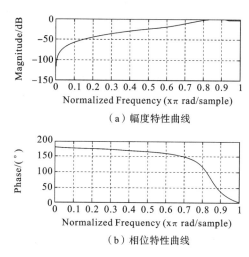

（a）幅度特性曲线

（b）相位特性曲线

图 5-9 例 5-5 的频率响应

带的下限频率。

设计 IIR 数字带通滤波器的具体步骤如下。

（1）将 IIR 数字带通滤波器的技术指标 $\omega_{pl}$、$\omega_{ph}$、$\omega_{sl}$、$\omega_{sh}$、$\delta_p$ 和 $\delta_s$ 变换为模拟带通滤波器的频率指标，即

$$\Omega_{pl}=\tan\left(\frac{\omega_{pl}}{2}\right), \quad \Omega_{ph}=\tan\left(\frac{\omega_{ph}}{2}\right), \quad \Omega_{sl}=\tan\left(\frac{\omega_{sl}}{2}\right)$$

$$\Omega_{sh}=\tan\left(\frac{\omega_{sh}}{2}\right), \quad \Omega_{BW}=\Omega_{ph}-\Omega_{pl}, \quad \Omega_0^2=\Omega_{pl}\Omega_{ph}$$

并以 $\Omega_{BW}$ 为参考对 $\Omega$ 进行归一化处理，得

$$\eta_{pl}=\frac{\Omega_{pl}}{\Omega_{BW}}, \quad \eta_{ph}=\frac{\Omega_{ph}}{\Omega_{BW}}, \quad \eta_{sl}=\frac{\Omega_{sl}}{\Omega_{BW}}$$

$$\eta_{sh}=\frac{\Omega_{sh}}{\Omega_{BW}}, \quad \eta_0^2=\eta_{pl}\eta_{ph}$$

衰减特性指标 $\delta_p$ 和 $\delta_s$ 不变。

（2）利用频率变换关系 $\lambda=(\eta^2-\eta_0^2)/\eta$，将模拟带通滤波器的归一化频率转换为模拟低通滤波器的归一化频率 $\lambda$，得 $\lambda_p$、$\lambda_{sl}$ 和 $\lambda_{sh}$

$$\lambda_p=\frac{\eta_{ph}^2-\eta_0^2}{\eta_{ph}}=\eta_{ph}-\eta_{pl}=1, \quad \lambda_{sl}=\frac{\eta_{sl}^2-\eta_0^2}{\eta_{sl}}, \quad \lambda_{sh}=\frac{\eta_{sh}^2-\eta_0^2}{\eta_{sh}}$$

$\lambda_s$ 有两个值 $\lambda_{sl}$ 和 $\lambda_{sh}$，为了保证 IIR 数字带通滤波器的衰减特性，应取绝对值较小者，并有归一化变量 $p=j\lambda$。

（3）设计模拟低通滤波器，得归一化模拟低通滤波器系统函数 $H(p)$。

（4）经过变量代换，得到 IIR 数字带通滤波器的系统函数 $H(z)$，即

$$H(z)=H(p)\Bigg|_{p=\frac{(1-z^{-1})^2+\Omega_0^2(1+z^{-1})^2}{\Omega_{BW}(1-z^{-2})}} \tag{5-31}$$

若是巴特沃兹模拟低通滤波器，则要根据式（5-6）计算 $\lambda_c$，并将式（5-31）中的变量代换关系除以系数 $\lambda_c$，即

$$H(z)=H(p)\Bigg|_{p=\frac{(1-z^{-1})^2+\Omega_0^2(1+z^{-1})^2}{\lambda_c\Omega_{BW}(1-z^{-2})}} \tag{5-32}$$

在 MATLAB 的 butter() 函数中加上控制符"bandpass"就能实现数字带通滤波器的设计。

**例 5-6** 试设计一个数字带通滤波器,要求通带下限频率 $\omega_{pl}$ 为 $0.3\pi$,通带上限频率 $\omega_{ph}$ 为 $0.4\pi$,下阻带的上限频率 $\omega_{sl}$ 为 $0.2\pi$,上阻带的下限频率 $\omega_{sh}$ 为 $0.5\pi$,通带衰减不大于 3 dB,阻带衰减不小于 18 dB。

**解** 设计满足上述指标的巴特沃兹数字带通滤波器的程序如下。

```
Ap=3;As=18;
OmegaPl=0.3;                          % 归一化通带截止频率
OmegaPh=0.4;                          % 归一化通带截止频率
OmegaSl=0.2;                          % 归一化阻带截止频率
OmegaSh=0.5;                          % 归一化阻带截止频率
[n,Wn]=buttord([OmegaPl OmegaPh],[OmegaSl OmegaSh],Ap,As);
                                      % 确定阶数 n 和归一化截止频率 Wn
fprintf('巴特沃兹数字带通滤波器的阶数 N=%.0f\n',n);
[bz,az]=butter(n,Wn,'bandpass');
% 加上字符'bandpass'表示是设计巴特沃兹数字带通滤波器
disp('分子系数 b');                   % 下面显示分子、分母多项式系
fprintf('% .4e    ',bz);fprintf('\n');
disp('分母系数 a');fprintf('%.4e    ',az);fprintf('\n');
omega=[0:0.01:pi];                    % 确定坐标轴范围
h=freqz(bz,az,omega);
% 得到巴特沃兹数字带通滤波器的单位冲激响应系数
Ampli=20*log10(abs(h));              % 求衰减的分贝
subplot(2,1,1);plot(omega/pi,Ampli,'k');;  % 显示巴特沃兹数字带通滤波器的幅度响应
xlabel('数字频率/\pi');ylabel('幅度/dB');grid;
subplot(2,1,2);theta=phasez(bz,az,omega);
% 巴特沃兹数字带通滤波器的相位响应及坐标值
plot(omega/pi,theta*360/(2*pi),'k');  % 显示巴特沃兹数字带通滤波器的相位响应
xlabel('数字频率/\pi');ylabel('相位/(°)');grid;
```

程序运行结果如下。

```
巴特沃兹数字带通滤波器的阶数 N=2
分子系数 b
2.1306e-002  0.0000e+000  -4.2613e-002  0.0000e+000  2.1306e-002
分母系数 a
1.0000e+000  -1.6303e+000  2.2183e+000  -1.2919e+000  6.3196e-001
```

图 5-10 所示的为该滤波器的幅度特性曲线。注意数字带通和带阻滤波器的阶数是数字低通滤波器阶数的 2 倍,因此,实际数字带通滤波器的阶数为 4。由图 5-10 表明,在通带截止频率 $0.3\pi$ 和 $0.4\pi$ 处,衰减分别为 2.317 dB 和 2.896 dB,在阻带截止频率 $0.2\pi$ 和 $0.5\pi$ 处,衰减分别为 22.33 dB 和 17.97 dB。通带内不具有严格的线性相位特性。切比雪夫 I or II 型数字带通滤波器的设计程序可以参照有关程序进行自行设计,这里不再给出。

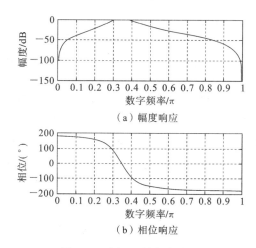

（a）幅度响应

（b）相位响应

**图 5-10**　例 5-6 的频率响应

**3. IIR 数字带阻滤波器的设计**

IIR 数字带阻滤波器一般有四个频率指标 $\omega_{sl}$、$\omega_{pl}$、$\omega_{ph}$ 和 $\omega_{sh}$，两个幅度衰减特性指标 $\delta_s$ 和 $\delta_p$，$\omega_{pl}$ 是下通带上限频率，$\omega_{ph}$ 上通带下限频率，$\omega_{sl}$ 是阻带的下限频率，$\omega_{sh}$ 是阻带的上限频率。

下面是设计数字带阻滤波器的步骤。

（1）将 IIR 数字带阻滤波器指标转化为模拟带阻滤波器的指标，并归一化，即

$$\Omega_{pl}=\tan\left(\frac{\omega_{pl}}{2}\right),\quad \Omega_{ph}=\tan\left(\frac{\omega_{ph}}{2}\right),\quad \Omega_{sl}=\tan\left(\frac{\omega_{sl}}{2}\right),\quad \Omega_{sh}=\tan\left(\frac{\omega_{sh}}{2}\right)$$

计算中心频率 $\Omega_0^2$ 和通带带宽 $\Omega_{BW}$，即

$$\Omega_0^2=\Omega_{pl}\Omega_{ph},\quad \Omega_{BW}=\Omega_{ph}-\Omega_{pl}$$

对频率指标以 $\Omega_{BW}$ 为准进行归一化，即

$$\eta_{sl}=\frac{\Omega_{sl}}{\Omega_{BW}},\quad \eta_{sh}=\frac{\Omega_{sh}}{\Omega_{BW}},\quad \eta_{pl}=\frac{\Omega_{pl}}{\Omega_{BW}}$$

$$\eta_{ph}=\frac{\Omega_{ph}}{\Omega_{BW}},\quad \eta_0^2=\eta_{pl}\eta_{ph}$$

（2）进行频率变换。由 $\lambda=\dfrac{\eta}{(\eta^2-\eta_2^2)}$ 将 IIR 数字带阻滤波器的归一化频率 $\eta$ 变换为 IIR 数字低通滤波器的归一化频率 $\lambda$，得

$$\lambda_p=\frac{\eta_{pl}}{\eta_{pl}^2-\eta_2^2}=1,\quad \lambda_{sl}=\frac{\eta_{sl}}{\eta_{sl}^2-\eta_2^2},\quad \lambda_{sh}=\frac{\eta_{sh}}{\eta_{sh}^2-\eta_2^2}$$

为了保证 IIR 数字低通滤波器的衰减特性，应取两者中绝对值较小者作为 $\lambda_s$。

（3）根据 $\lambda_p=1$，$\lambda_s$、$\delta_p$ 和 $\delta_s$ 设计模拟低通滤波器，得归一化模拟低通滤波器系统函数 $H(p)$。

（4）得到 IIR 数字带阻滤波器的系统函数 $H(z)$，即

$$H(z)=H(p)\Big|_{p=\frac{\Omega_{BW}(1-z^{-2})}{(1-z^{-1})^2+\Omega_0^2(1+z^{-1})^2}} \tag{5-33}$$

若是巴特沃兹数字带阻滤波器，要根据式（5-6）计算 $\lambda_c$，并将式中的变量代换关系式除以系数 $\lambda_c$，即

$$H(z) = H(p) \Big|_{p = \frac{\Omega_{BW}(1-z^{-2})/\lambda_c}{(1-z^{-1})^2 + \Omega_0^2(1+z^{-1})^2}} \qquad (5\text{-}34)$$

在 MATLAB 的 butter() 函数中加上控制符"stop"就能实现 IIR 数字带阻滤波器的设计。

**例 5-7** 现有一以采样频率为 1000 Hz 采样后得到的数字信号,已知受到了频率为 100 Hz 的噪声的干扰,现要设计滤波器滤除该噪声,要求 3 dB 的通带边频为 95 Hz 和 105 Hz,阻带的下边频为 99 Hz,阻带的上边频为 101 Hz,阻带衰减不小于 13 dB。

**解** 所给频率指标为模拟频率,首先要将其转换为数字频率。设计满足上述指标的巴特沃兹数字带阻滤波器的程序如下。

```
Ap=3;As=13;fs=1000;                          % 采样频率
fpl=95;fph=105;                              % 通带模拟截止频率
fsl=99;fsh=101;                              % 阻带模拟截止频率
OmegaPl=2*pi*fpl/fs/pi;                      % 归一化通带数字截止频率
OmegaPh=2*pi*fph/fs/pi;                      % 归一化通带数字截止频率
OmegaSl=2*pi*fsl/fs/pi;                      % 归一化阻带数字截止频率
OmegaSh=2*pi*fsh/fs/pi;                      % 归一化阻带数字截止频率
[n,Wn]=buttord([OmegaPl OmegaPh],[OmegaSl OmegaSh],Ap,As);
                                            % 确定阶数 n 和归一化截止频率 Wn
fprintf('巴特沃兹数字带阻滤波器的阶数 N=%.0f\n',n);
[bz,az]=butter(n,Wn,'stop');
% 加上字符'stop'表示是设计巴特沃兹数字带阻滤波器
disp('分子系数b');                          % 下面显示分子、分母多项式系数
fprintf('%.4e    ',bz);fprintf('\n');disp('分母系数a');
fprintf('%.4e    ',az);fprintf('\n');
[h,f]=freqz(bz,az,1024,'whole',fs);
% 得到巴特沃兹数字带阻滤波器的单位冲激响应系数
Ampli=20*log10(abs(h));                      % 求衰减的分贝
subplot(2,1,1);plot(f(1:512),Ampli(1:512),'k');
% 显示巴特沃兹数字带阻滤波器的幅度响应
xlabel('频率/Hz');ylabel('幅度/dB');grid;
subplot(2,1,2);[theta,fx]=phasez(bz,az,1024,'whole',fs);
% 巴特沃兹数字带阻滤波器的相位响应及其坐标值
plot(fx(1:512),theta(1:512)*360/(2*pi),'k');
% 显示巴特沃兹数字带阻滤波器的相位响应
xlabel('频率/Hz');ylabel('相位/(°)');grid;
```

程序运行结果如下。

```
巴特沃兹数字带阻滤波器的阶数 N=1
分子系数b
9.7324e-001    -1.5748e+000    9.7324e-001
分母系数a
1.0000e+000    -1.5748e+000    9.4649e-001
```

图 5-11 所示的为该滤波器的幅度特性曲线。在通带截止频率 95 Hz 和 105 Hz 处,衰减分别为 2.404 dB 和 2.395 dB,在阻带截止频率 99 Hz 和 101 Hz 处,衰减分别

为 13.04 dB 和 13.82 dB。与前面的结果一样,在通带内仍然不具有线性相位特性。这种阻带很窄的滤波器又称为陷波器,主要用于滤除某种单一频率的干扰,如 50 Hz 的工频干扰。

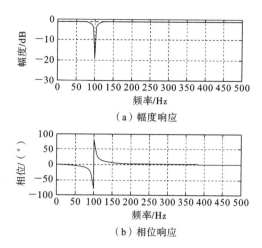

（a）幅度响应

（b）相位响应

**图 5-11　例 5-7 的频率响应**

## 5.2　FIR 数字滤波器的设计

由于 FIR 数字滤波器只有零点,因此这类滤波器不像 IIR 数字滤波器那样易取得比较好的通带和阻带衰减特性。要取得较好的衰减特性,一般要求 FIR 数字滤波器的阶次要高,即 $N$ 要大,这是 FIR 数字滤波器的缺点。但是 FIR 数字滤波器也有自己突出的优点:首先是系统稳定性好,再就是易实现严格的线性相位特性,最后就是由于 FIR 数字滤波器的单位脉冲响应是有限长的,因而可以采用快速傅里叶变换算法来实现滤波过程,从而可以大大提高运算效率。

目前,FIR 数字滤波器的设计主要是以理想滤波器频率特性为基础,然后以某种方式加以逼近的方法来实现。这些方法有窗函数法、频率采样法及最佳一致逼近法等。

加窗的过程就是在时域中理想滤波器的单位脉冲响应 $h_d(n)$ 和窗函数 $\omega(n)$ 的乘积的过程。按复卷积定理,加窗所得滤波器的频率响应 $H(e^{j\omega})$ 为理想滤波器的频率响应 $H_d(e^{j\omega})$ 和窗函数的频率响应 $W_R(e^{j\omega})$ 的卷积。对实际 FIR 数字滤波器频率响应的幅度函数 $H(\omega)$ 起影响的是窗函数频率响应的幅度函数 $W_R(\omega)$。

只有当窗函数的能量集中在主瓣,旁瓣能量越小,即越逼近冲激函数时,$H(\omega)$ 才能逼近 $H_d(\omega)$。

显然,希望窗函数满足以下两项要求:

（1）窗函数幅度谱的主瓣宽度决定了过渡带的宽度,因此窗函数幅度谱的主瓣应尽可能地窄,以获得较窄的过渡带;

（2）最大旁瓣的相对幅度决定了通带纹波和阻带衰减的大小,因此窗函数幅度谱的最大旁瓣幅度应尽可能地小,以减小通带纹波,增大阻带衰减。

但是,上述两项要求不能同时得到满足,主瓣变窄会导致旁瓣幅度的增加,旁瓣幅度的减小会导致主瓣的宽度加宽。因此,窗函数的选取,往往是在满足阻带衰减的条件下,尽可能地使过渡带变窄。

### 5.2.1　各种窗函数的特点

用窗函数法设计 FIR 数字滤波器时,常用的窗函数有矩形窗函数、巴特列特(Bart-lett,三角形)窗函数、汉宁(Hanning,升余弦)窗函数、汉明(Hamming,改进升余弦)窗函数、布莱克曼(Blackman,二阶升余弦)窗函数和凯泽(Kaiser)窗函数。可采用如下程序绘制窗口长度为 51 的常用窗函数的形状。

```
N=51;                    % 窗口长度
n=0:(N-1);               % 坐标控制
w0=boxcar(N);            % 矩形窗函数
w1=bartlett(N);          % 巴特列特窗函数
w2=hanning(N);           % 汉宁窗函数
w3=hamming(N);           % 汉明窗函数
w4=blackman(N);          % 布莱克曼窗函数
plot(n,w0,'k-*'),hold on;plot(n,w1,'k--'),hold on;plot(n,w2,'k-o'),
hold on;
plot(n,w3,'k-+'),hold on;plot(n,w4,'k');
legend('矩形窗函数','巴特列特窗函数','汉宁窗函数','汉明窗函数','布莱克曼窗函
数',5);
xlabel('样点');ylabel('幅度');
```

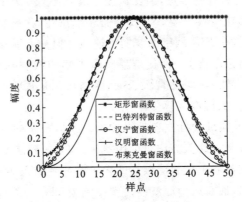

**图 5-12　几种常用窗函数的形状**

程序运行结果如图 5-12 所示。

#### 1. 矩形窗函数

窗口长度为 $N$ 的矩形窗函数为

$$w(n)=R_N(n) \tag{5-35}$$

矩形窗函数的频率响应为

$$W_R(\mathrm{e}^{\mathrm{j}\omega}) = \sum_{n=-\infty}^{+\infty} R_N(n)\mathrm{e}^{-\mathrm{j}\omega n} = \sum_{n=0}^{N-1} \mathrm{e}^{-\mathrm{j}\omega n} = \mathrm{e}^{-\mathrm{j}\omega\left(\frac{N-1}{2}\right)} \frac{\sin\left(\frac{\omega N}{2}\right)}{\sin\left(\frac{\omega}{2}\right)} \tag{5-36}$$

其时域波形和幅频响应可由如下程序绘制。

```
N=51;                              % 窗口长度
n=0:(N-1);
w0=boxcar(N);                      % 矩形窗函数
subplot(2,1,1)
stem(n,w0,'k');                    % 显示矩形窗函数序列
axis([0 60 0 2]);                  % 规定坐标范围
xlabel('序列点数');
ylabel('幅度');
text(50,1.5,'矩形窗函数');
y0=fft(w0,512);                    % 512点快速傅里叶变换
y0=y0/y0(1);                       % 归一化处理
z0=zeros(2*N);                     % 定义长度为2N的零向量
% 下面是移位处理,显示正、负部分的值
for i=1:2*N
    if i<N+1
        z0(i)=y0(N+1-i);
    else
        z0(i)=y0(i-N);
    end
end
f=2*pi*(-N:N-1)/N;                 % 定义横坐标
subplot(2,1,2);plot(f,z0,'k');
axis([-6 6 -0.3 1.2]);             % 规定坐标范围
xlabel('序列点数/2\pi/N');ylabel('归一化幅度');
text(2,0.8,'矩形窗函数的幅频特性');
```

程序运行结果如图 5-13 所示。

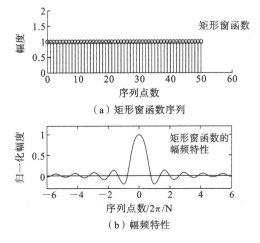

(a) 矩形窗函数序列

(b) 幅频特性

**图 5-13 矩形窗函数序列及其幅频特性**

矩形窗函数存在吉布斯(Gibbs)效应,即最大肩峰的相对值总是为 $8.95\%$,导致阻带最小衰减为 $20 \times \lg(8.95\%) = -21$ dB。下面是计算其衰减大小的程序。

```
N=51;                              % 窗口长度
```

```
n=0:(N-1);
w0=boxcar(N);                    % 矩形窗函数
x0=fft(w0,512);                  % 512点快速傅里叶变换
y0=abs(x0);                      % 求幅度特性
z0=20*log10(y0/y0(1));           % 计算衰减
f=(0:255)/256;                   % 横坐标定义
plot(f,z0(1:256),'k');
xlabel('数字频率/\pi');ylabel('幅度/dB');
text(0.3,-10,'矩形窗函数的幅频、衰减特性');
```

程序运行结果如图 5-14 所示,旁瓣最小衰减为 13.31 dB。所以在实际中,矩形窗函数很少被采用。

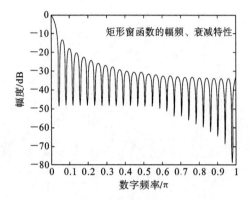

**图 5-14 矩形窗函数的幅频衰减特性**

### 2. 巴特列特窗函数

巴特列特窗函数为

$$w(n)=\begin{cases} \dfrac{2n}{N-1}, & 0\leqslant n\leqslant\dfrac{N-1}{2} \\ 2-\dfrac{2n}{N-1}, & \dfrac{N-1}{2}\leqslant n\leqslant N-1 \end{cases} \tag{5-37}$$

其频率响应为

$$W(\mathrm{e}^{\mathrm{j}\omega})=\frac{2}{N-1}\left\{\frac{\sin\left[\dfrac{(N-1)\omega}{4}\right]}{\sin\left(\dfrac{\omega}{2}\right)}\right\}^{2}\mathrm{e}^{-\mathrm{j}\left(\frac{N-1}{2}\right)\omega} \tag{5-38}$$

巴特列特窗函数的主瓣宽度为 $\dfrac{8\pi}{N}$,也就是在 $N$ 相同的情况下比矩形窗函数的主瓣宽度增加了 1 倍。绘制巴特列特窗函数的时域波形、幅频特性及衰减特性的程序与矩形窗类似,这里仅给出其结果,如图 5-15 和图 5-16 所示。

### 3. 汉宁窗函数

汉宁窗函数为

$$w(n)=\frac{1}{2}\left[1-\cos\left(\frac{2\pi n}{N-1}\right)\right]R_{N}(n) \tag{5-39}$$

其频率响应为

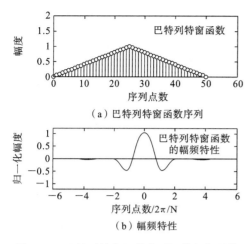

（a）巴特列特窗函数序列

（b）幅频特性

图 5-15　巴特列特窗函数序列及其幅频特性

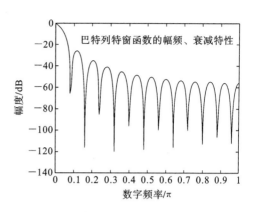

图 5-16　巴特列特窗函数的幅频、衰减特性

$$W(e^{j\omega}) = \left\{0.5W_R(\omega) + 0.25\left[W_R\left(\omega - \frac{2\pi}{N-1}\right) + W_R\left(\omega + \frac{2\pi}{N-1}\right)\right]\right\}e^{-j\left(\frac{N-1}{2}\right)\omega}$$

所以其幅度响应为

$$W(\omega) = 0.5W_R(\omega) + 0.25\left[W_R\left(\omega - \frac{2\pi}{N-1}\right) + W_R\left(\omega + \frac{2\pi}{N-1}\right)\right] \tag{5-40}$$

可见汉宁窗函数的幅度响应是三个矩形窗函数幅度响应的移位加权和，这使旁瓣相互抵消，能量集中于主瓣，其代价是主瓣宽度增加了 1 倍，即为 $\frac{8\pi}{N}$。图 5-17 和图 5-18 所示的分别为汉宁窗函数的时域波形、幅频特性及衰减特性。

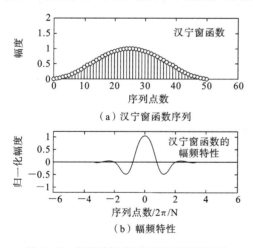

（a）汉宁窗函数序列

（b）幅频特性

图 5-17　汉宁窗函数序列及其幅频特性

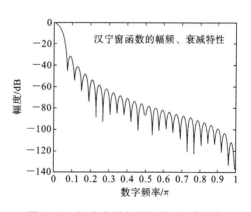

图 5-18　汉宁窗函数的幅频、衰减特性

### 4. 汉明窗函数

汉明窗函数为

$$w(n) = \left[0.54 - 0.46\cos\left(\frac{2\pi n}{N-1}\right)\right]R_N(n) \tag{5-41}$$

其幅度响应为

$$W(\omega) = 0.54W_R(\omega) + 0.23\left[W_R\left(\omega - \frac{2\pi}{N-1}\right) + W_R\left(\omega + \frac{2\pi}{N-1}\right)\right] \tag{5-42}$$

与汉宁窗函数相比,主瓣同为$\dfrac{8\pi}{N}$,但旁瓣幅度更小,图 5-19 和图 5-20 所示的分别为汉明窗函数的时域波形、幅频特性及衰减特性。

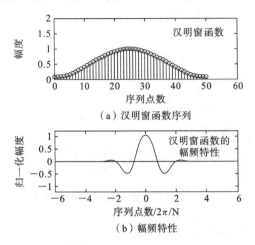

(a) 汉明窗函数序列

(b) 幅频特性

**图 5-19  汉明窗函数序列及其幅频特性**

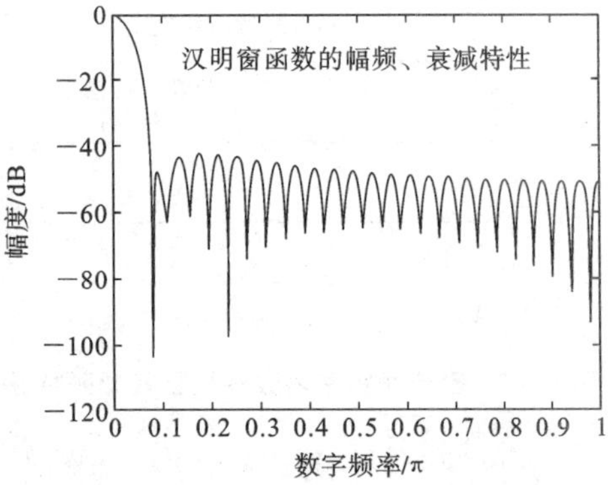

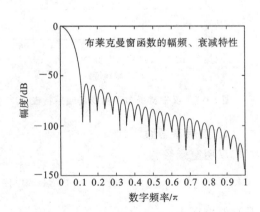

**图 5-20  汉明窗函数的幅频、衰减特性**

### 5. 布莱克曼窗函数

布莱克曼窗函数为

$$w(n)=\left[0.42-0.5\cos\left(\frac{2\pi n}{N-1}\right)+0.08\cos\left(\frac{4\pi n}{N-1}\right)\right]R_N(n) \tag{5-43}$$

其幅度响应为

$$W(\omega)=0.42W_R(\omega)+0.25\left[W_R\left(\omega-\frac{2\pi}{N-1}\right)+W_R\left(\omega+\frac{2\pi}{N-1}\right)\right]$$
$$+0.04\left[W_R\left(\omega-\frac{4\pi}{N-1}\right)+W_R\left(\omega+\frac{4\pi}{N-1}\right)\right] \tag{5-44}$$

旁瓣的幅度进一步降低,但是主瓣宽度增加至$\dfrac{12\pi}{N}$,图 5-21 和图 5-22 所示的分别为布莱克曼窗函数的时域波形、幅频特性及衰减特性。

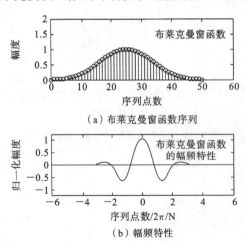

(a) 布莱克曼窗函数序列

(b) 幅频特性

**图 5-21  布莱克曼窗函数序列及其幅频特性**

**图 5-22  布莱克曼窗函数的幅频、衰减特性**

### 6. 凯泽窗函数

凯泽窗函数为

$$w(n) = \frac{I_0\left(\beta\sqrt{1-\left(1-\dfrac{2n}{N-1}\right)^2}\right)}{I_0(\beta)}, \quad 0 \leqslant n \leqslant N-1 \tag{5-45}$$

其中：$I_0(\cdot)$ 是第一类变形零阶贝塞尔函数；$\beta$ 是一个可以自由选择的参数，可同时调整主瓣宽度与旁瓣电平。$\beta$ 越大，窗口频谱的旁瓣越小；但是随着主瓣宽度的增加，$\beta$ 越小，窗口频谱的主瓣宽度就越小，但旁瓣幅度就会增加。$\beta$ 可以根据阻带衰减 $\delta_s$ 的大小及以下经验公式进行选择：

$$\beta = \begin{cases} 0, & \delta_s \leqslant 21 \\ 0.5842(\delta_s-21)^{0.4} + 0.07886(\delta_s-21), & 21 < \delta_s \leqslant 50 \\ 0.1102(\delta_s-8.7), & \delta_s > 50 \end{cases} \tag{5-46}$$

给定过渡带宽 $\Delta\omega$，则可估计凯泽窗函数 FIR 数字滤波器的阶数 $N$，即

$$N = \frac{\delta_s - 7.95}{2.286\Delta\omega} \tag{5-47}$$

图 5-23 和图 5-24 所示的为凯泽窗函数在 $\beta$ 值为 7.865 时的有关结果。

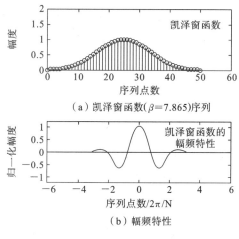

（a）凯泽窗函数($\beta=7.865$)序列

（b）幅频特性

图 5-23　凯泽窗函数($\beta=7.865$)序列
及其幅频特性

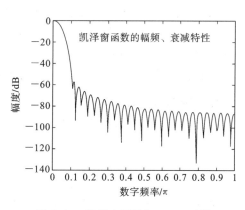

图 5-24　凯泽窗函数($\beta=7.865$)的
幅频、衰减特性

由图 5-13～图 5-24 不难看出，矩形窗函数的旁瓣最多、幅度最大，其旁瓣最小，衰减最小，主瓣宽度也最小；一个窗函数的主瓣宽度越窄，旁瓣最小，衰减就越小；旁瓣最小，衰减越大，导致主瓣宽度也越大。

表 5-1 所示的归纳了以上几种窗函数的主要性能，可以作为设计 FIR 数字滤波器时选择窗口类型的依据。

表 5-1　常用窗函数的基本参数

| 窗函数 | 旁瓣峰值/dB | 过渡带宽 $\Delta\omega$ | 阻带最小衰减/dB |
|---|---|---|---|
| 矩形窗函数 | $-13$ | $1.8\pi/N$ | $-21$ |
| 巴特列特窗函数 | $-25$ | $4.2\pi/N$ | $-25$ |
| 汉宁窗函数 | $-31$ | $6.2\pi/N$ | $-44$ |

| 窗函数 | 旁瓣峰值/dB | 过渡带宽 $\Delta\omega$ | 阻带最小衰减/dB |
|---|---|---|---|
| 汉明窗函数 | $-41$ | $6.6\pi/N$ | $-53$ |
| 布莱克曼窗函数 | $-57$ | $11\pi/N$ | $-74$ |
| 凯泽窗函数($\beta=7.865$) | $-57$ | $10\pi/N$ | $-80$ |

### 5.2.2 用窗函数法设计 FIR 数字滤波器

用窗函数法设计 FIR 数字滤波器的步骤如下：

（1）根据过渡带宽和阻带最小衰减的要求，选定窗口函数并确定 $N$ 的大小，得到 $w(n)$；

（2）计算相应的理想滤波器的单位脉冲响应 $h_d(n)$；

（3）求得所设计的 FIR 数字滤波器的单位脉冲响应 $h(n)=h_d(n)w(n),n=0,1,\cdots,N-1$；

（4）为了验证设计结果是否满足设计要求，可以求离散时间傅里叶变换 $H(e^{j\omega})=$ DTFT$[h(n)]$加以验证，若不满足要求，则需要重新设计。

滤波器的阻带衰减与选用的窗函数有关，而滤波器的过渡带宽既与窗函数的形状有关，也与窗口长度有关。注意，设计高通滤波器时，其单位冲激响应只能是偶对称的（这也是低通、带通、带阻滤波器所要求的），且高通滤波器的 $N$ 只能取奇数（在设计常用滤波器时，最好 $N$ 都取奇数）。

下面通过举例介绍用窗函数法来设计 FIR 数字滤波器的方法。

**1. FIR 数字低通滤波器**

截止频率为 $\omega_c$的理想 FIR 数字低通滤波器的单位脉冲响应为

$$h_d(n) = \frac{1}{2\pi}\int_{-\omega_c}^{\omega_c} e^{-j\omega a} e^{j\omega n} d\omega = \frac{\sin\lfloor\omega_c(n-a)\rfloor}{\pi(n-a)} \tag{5-48}$$

其中：$\alpha=(N-1)/2$ 为时延常数。

**例 5-8** 设计一个线性相位 FIR 数字低通滤波器，通带截止频率 $f_p$为 1 kHz，阻带起始频率 $f_s$为 2 kHz，阻带衰减 $\delta_s$不小于 50 dB，采样间隔 $T_s$为 0.1 ms。

**解** 根据阻带衰减 $\delta_s$不小于 50 dB 的要求，选择汉明窗函数进行设计，程序如下。

```
Ts=0.0001;                    % 采样频率
As=50;                        % 阻带衰减,是选择窗函数的依据
fp=1000;fs=2000;              % 通带、阻带模拟截止频率
Wp=2*pi*fp*Ts;               % 模拟频率转化为数字频率
Ws=2*pi*fs*Ts;               % 模拟频率转化为数字频率
N=ceil(6.6*pi/(Ws-Wp));      % 计算滤波器阶数
N=mod(N+1,2)+N;              % FIR 数字低通滤波器阶数取奇数
w=hamming(N);                % 汉明窗函数
Wc=(Wp+Ws)/2;               % 理想滤波器的通带截止频率
alph=(N-1)/2;               % 时延常数
% 以下循环实现窗函数和理想滤波器单位脉冲响应的乘积,即加窗过程
```

```
for n=1:N
    if n==alph
        h(n)=w(n)*Wc/pi;
    else
        h(n)=w(n)*sin(Wc*(n-alph))/(pi*(n-alph));
    end
end
[ampli,f]=freqz(h,1,1024,'whole',1/Ts);
% 得到FIR数字低通滤波器的频率响应
amplidb=20*log10(abs(ampli)/abs(ampli(1)));
% 计算幅频响应的衰减
subplot(2,1,1);plot(f(1:512),amplidb(1:512),'k');
% 显示FIR数字低通滤波器的幅度响应
xlabel('频率/Hz');ylabel('幅度/dB');grid;
subplot(2,1,2);[theta,fx]=phasez(h,1,1024,'whole',1/Ts);
% FIR数字低通滤波器的相位响应及其坐标值
plot(fx(1:512),theta(1:512)*360/(2*pi),'k');
% 显示FIR数字低通滤波器的相位响应
xlabel('频率/Hz');ylabel('相位/(°)');grid;
```

程序运行结果如图 5-25 所示,在阻带截止频率 2 kHz 处,衰减为 46.22 dB,没有达到设计指标要求。

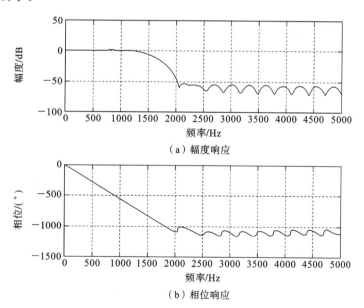

（a）幅度响应

（b）相位响应

**图 5-25  例 5-8 的频率响应**

为了满足设计指标要求,一种方法是选用阻带衰减更大的窗函数,在此选用布莱克曼窗函数的设计结果如图 5-26 所示。 显然,在阻带截止频率 2000 Hz 以后,最小衰减达到了 71.47 dB,满足甚至大大超过了设计指标要求。也可以直接调用 MATLAB 的 fir1()函数来设计 FIR 数字低通滤波器,程序如下。

```
Ts=0.0001;                          % 采样频率
```

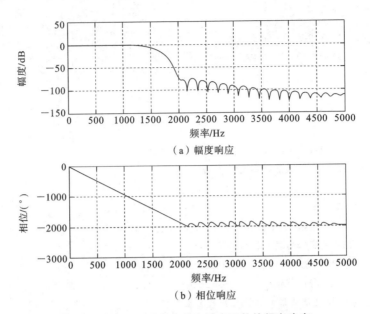

（a）幅度响应

（b）相位响应

**图 5-26　例 5-8 采用布莱克曼窗函数的频率响应**

```
As=50;                              % 阻带衰减,是选择窗函数的依据
fp=1000;fs=2000;                    % 通带、阻带模拟截止频率
Wp=2*pi*fp*Ts;                      % 模拟频率转化为数字频率
Ws=2*pi*fs*Ts;                      % 模拟频率转化为数字频率
N=ceil(11*pi/(Ws Wp));              % 计算 FIR 数字低通滤波器阶数
N=mod(N+1,2)+N;                     % FIR 数字低通滤波器阶数取奇数
w=blackman (N);                     % 汉明窗函数
Wc=(Wp+ Ws)/2/pi;                   % 理想滤波器的归一化通带截止频率
h=fir1(N-1,Wc,w);                   % 调用 fir1()函数得到 FIR 数字低通滤波器系数
[ampli,f]=freqz(h,1,1024,'whole',1/Ts);
                                    % 得到 FIR 数字低通滤波器的频率响应
amplidb=20*log10(abs(ampli)/abs(ampli(1)));
                                    % 计算幅频响应的衰减
subplot(2,1,1);plot(f(1:512),amplidb(1:512),'k');
                                    % 显示 FIR 数字低通滤波器的幅度响应
xlabel('频率/Hz');
ylabel('幅度/dB');grid;
subplot(2,1,2);[theta,fx]=phasez(h,1,1024,'whole',1/Ts);
                                    % FIR 数字低通滤波器的相位响应及其坐标值
plot(fx(1:512),theta(1:512)* 360/(2* pi),'k');
                                    % 显示 FIR 数字低通滤波器的相位响应
xlabel('频率/Hz');
ylabel('相位/(°)');grid;
```

## 2. FIR 数字高通滤波器

理想高通滤波器的频率响应为

$$H_d(e^{j\omega}) = \begin{cases} e^{-j\omega a}, & \omega_c \leqslant |\omega| < \pi \\ 0, & 0 \leqslant |\omega| < \omega_c \end{cases} \tag{5-49}$$

其中:$a$ 为时延常数,应取为 $\dfrac{(N-1)}{2}$。它的单位脉冲响应为

$$h_d(n)=\frac{\sin\left[(n-a)\pi\right]-\sin\left[(n-a)\omega_c\right]}{\pi(n-a)} \tag{5-50}$$

选定窗函数 $w(n)$,即可得到所需的线性相位 FIR 数字高通滤波器的单位脉冲响应,即

$$h(n)=h_d(n)w(n)$$

**例 5-9**　试设计线性相位 FIR 数字高通滤波器,通带下限频率 $\omega_p$ 为 $0.6\pi$,阻带上限频率 $\omega_s$ 为 $0.3\pi$,阻带最小衰减不小于 60 dB。

**解**　要求阻带最小衰减不小于 60 dB,可选布莱克曼窗函数,程序如下。

```
As=60;                        % 阻带衰减,是选择窗函数的依据
Wp=0.6*pi;                    % 通带截止数字频率
Ws=0.3*pi;                    % 阻带截止数字频率
N=ceil(11*pi/(Wp-Ws));        % 布莱克曼窗函数,计算 FIR 数字高通滤波器阶数
N=mod(N+1,2)+N;               % FIR 数字高通滤波器阶数取奇数
w=blackman(N);                % 布莱克曼窗函数
Wc=(Wp+Ws)/2;                 % 理想滤波器的通带截止频率
alph=(N-1)/2;                 % 时延常数
% 以下循环实现窗函数和理想滤波器单位脉冲响应的乘积,即加窗过程
for n=1:N
    if n==alph
        h(n)=w(n)*(1-Wc/pi);
    else
        h(n)=w(n)*(sin(pi*(n-alph))-sin(Wc*(n-alph)))/(pi*(n-alph));
    end
end
omega=linspace(0,pi,512);
ampli=freqz(h,1,omega);       % 得到 FIR 数字高通滤波器的频率响应
amplidb=20*log10(abs(ampli)); % 计算幅频响应的衰减
subplot(2,1,1);plot(omega/pi,amplidb,'k');;
                              % 显示 FIR 数字高通滤波器的幅度响应
xlabel('数字频率/\pi');ylabel('幅度/dB');grid;
subplot(2,1,2);theta=phasez(h,1,omega);
                              % FIR 数字高通滤波器的相位响应及其坐标值
plot(omega/pi,theta*360/(2*pi),'k');
                              % 显示 FIR 数字高通滤波器的相位响应
xlabel('数字频率/\pi');ylabel('相位/(°)');grid;
```

程序运行结果如图 5-27 所示,在阻带截止频率 $0.3\pi$ 处,衰减为 71.55 dB,达到了设计指标要求。通带具有严格的线性相位特性。

同理,也可以直接调用 MATLAB 的 fir1() 函数来设计 FIR 数字高通滤波器,部分程序如下。

```
h=fir1(N-1,Wc,'high',w);
% 调用 fir1() 函数得到 FIR 数字高通滤波器系数,字符'high'表示是高通滤波器
```

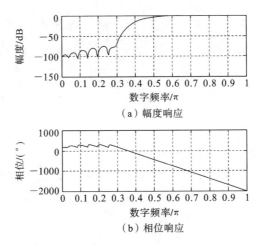

**图 5-27 例 5-9 的幅度特性**

```
omega=linspace(0,pi,512);
ampli=freqz(h,1,omega);
amplidb=20* log10(abs(ampli));
subplot(2,1,1);plot(omega/pi,amplidb,'k');;
% 显示 FIR 数字高通滤波器的幅度响应
xlabel('数字频率/\pi');ylabel('幅度/dB');grid;
subplot(2,1,2);theta=phasez(h,1,omega);
% FIR 数字高通滤波器的相位响应及其坐标值
plot(omega/pi,theta*360/(2*pi),'k');
% 显示 FIR 数字高通滤波器的相位响应
xlabel('数字频率/\pi');ylabel('相位/(°)');grid;
```

程序运行结果如图 5-28 所示,在阻带截止频率 0.3π 处,衰减为 71.54 dB,达到了设计指标要求。

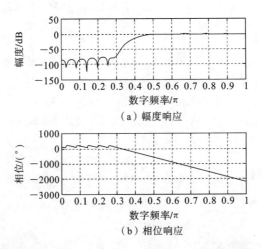

**图 5-28 例 5-9 采用 fir1()函数设计的频率响应**

### 3. FIR 数字带通滤波器

理想 FIR 数字带通滤波器的频率响应为

$$H_{\mathrm{d}}(\mathrm{e}^{\mathrm{j}\omega}) = \begin{cases} \mathrm{e}^{-\mathrm{j}\omega a}, & \omega_{\mathrm{cl}} \leqslant |\omega| \leqslant \omega_{\mathrm{ch}} \\ 0, & \text{其他} \end{cases} \tag{5-51}$$

其中：$a$ 为时延常数，应取为 $\dfrac{(N-1)}{2}$；$\omega_{\mathrm{cl}}$ 和 $\omega_{\mathrm{ch}}$ 为通带下边频和通带上边频。它的单位脉冲响应为

$$h_{\mathrm{d}}(n) = \frac{\sin\left[(n-a)\omega_{\mathrm{ch}}\right] - \sin\left[(n-a)\omega_{\mathrm{cl}}\right]}{\pi(n-a)} \tag{5-52}$$

**例 5-10**  有一段用采样频率为 10 kHz 采样得到的语音，现要对范围为 2～3 kHz 的语音信号加以提取，要求 1.5 kHz 以下及 3.5 kHz 以上的语音信号最少要有 40 dB 的衰减，试设计一个 FIR 数字带通滤波器实现上述要求。

**解**  根据阻带衰减最少为 40 dB 可知，可选汉宁窗函数，程序如下。

```
Fs=10000;                          % 采样频率
As=40;                             % 阻带衰减,是选择窗函数的依据
fpl=2000;fph=3000;                 % 通带模拟截止频率
fsl=1500;fsh=3500;                 % 通带、阻带模拟截止频率
Wpl=2*pi*fpl/Fs;Wph=2*pi*fph/Fs;   % 模拟频率转化为数字频率
Wsl=2*pi*fsl/Fs;Wsh=2*pi*fsh/Fs;   % 模拟频率转化为数字频率
N=ceil(6.2*pi/(Wpl-Wsl));          % 计算 FIR 数字带通滤波器阶数,汉宁窗函数
N=mod(N+1,2)+N;                    % FIR 数字带通滤波器阶数取奇数
w=hanning(N);                      % 汉宁窗函数
Wcl=(Wpl+Wsl)/2;Wch=(Wph+Wsh)/2;   % 理想滤波器的通带截止频率
alph=(N-1)/2;                      % 时延常数
% 以下循环实现窗函数和理想滤波器单位脉冲响应的乘积,即加窗过程
for n=1:N
    if n==alph
        h(n)=w(n)*(Wch-Wcl)/pi;
    else
        h(n)=w(n)*(sin(Wch*(n-alph))-sin(Wcl*(n-alph)))/(pi*(n-alph));
    end
end
[ampli,f]=freqz(h,1,1024,'whole',Fs);   % 得到 FIR 数字带通滤波器的频率响应
amplidb=20*log10(abs(ampli));           % 计算幅频响应的衰减
subplot(2,1,1);plot(f(1:512),amplidb(1:512),'k');
                                        % 显示 FIR 数字带通滤波器的幅度响应
xlabel('频率/Hz');ylabel('幅度/dB');grid;
subplot(2,1,2);[theta,fx]=phasez(h,1,1024,'whole',Fs);
% FIR 数字带通滤波器的相位响应及其坐标值
plot(fx(1:512),theta(1:512)*360/(2*pi),'k');
                                        % 显示 FIR 数字带通滤波器的相位响应
xlabel('频率/Hz');ylabel('相位/(°)');grid;
```

程序运行结果如图 5-29 所示，在阻带截止频率 1.5 kHz 和 3.5 kHz 处，衰减均为 45.25 dB，达到了设计指标要求。

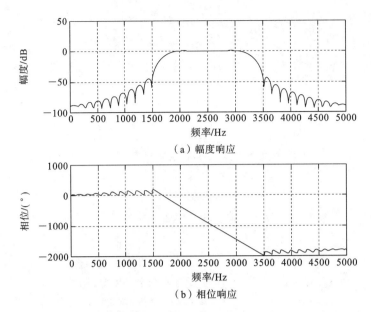

**图 5-29 例 5-10 的频率响应**

同样,也可以直接调用 MATLAB 的 fir1()函数来设计 FIR 数字带通滤波器,程序如下。

```
Fs=10000;                              % 采样频率
As=40;                                 % 阻带衰减,是选择窗函数的依据
fpl=2000;fph=3000;                     % 通带模拟截止频率
fsl=1500;fsh=3500;                     % 通带、阻带模拟截止频率
Wpl=2*pi*fpl/Fs;Wph=2*pi*fph/Fs;       % 模拟频率转化为数字频率
Wsl=2*pi*fsl/Fs;Wsh=2*pi*fsh/Fs;       % 模拟频率转化为数字频率
N=ceil(6.2*pi/(Wpl-Wsl));              % 计算 FIR 数字带通滤波器阶数,汉宁窗函数
N=mod(N+1,2)+N;                        % FIR 数字带通滤波器阶数取奇数
w=hanning(N);                          % 汉宁窗函数
Wcl=(Wpl+Wsl)/2/pi;Wch=(Wph+Wsh)/2/pi; % 理想滤波器的通带归一化截止频率
h= fir1(N-1,[Wcl Wch],'bandpass',w);
% 调用 fir1()函数得到 FIR 数字带通滤波器系数,字符'bandpass'表示是 FIR 数字带通滤波器
[ampli,f]=freqz(h,1,1024,'whole',Fs);  % 得到 FIR 数字带通滤波器的频率响应
amplidb=20*log10(abs(ampli));          % 计算幅频响应的衰减
subplot(2,1,1);plot(f(1:512),amplidb(1:512),'k');
                                       % 显示 FIR 数字带通滤波器的幅度响应
xlabel('频率/Hz');ylabel('幅度/dB');grid;
subplot(2,1,2);[theta,fx]=phasez(h,1,1024,'whole',Fs);
                                       % FIR 数字带通滤波器的相位响应及其坐标值
plot(fx(1:512),theta(1:512)*360/(2*pi),'k');
                                       % 显示 FIR 数字带通滤波器的相位响应
xlabel('频率/Hz');ylabel('相位/(°)');grid;
```

程序运行结果如图 5-30 所示,在阻带截止频率 1.5 kHz 和 3.5 kHz 处,衰减均为 45.28 dB,达到了设计指标要求。

**4. FIR 数字带阻滤波器**

理想 FIR 数字带阻滤波器的频率响应为

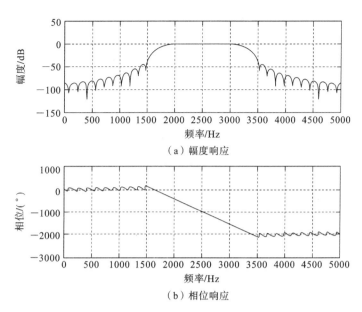

（a）幅度响应

（b）相位响应

图 5-30  例 5-10 采用 fir1()函数设计的频率响应

$$H_{\mathrm{d}}(\mathrm{e}^{\mathrm{j}\omega}) = \begin{cases} \mathrm{e}^{-\mathrm{j}\omega a}, & \omega_{\mathrm{ch}} \leqslant |\omega| \leqslant \omega_{\mathrm{cl}} \\ 0, & \text{其他} \end{cases} \tag{5-53}$$

其中:$a$ 为时延常数,应取为 $\dfrac{(N-1)}{2}$;$\omega_{\mathrm{cl}}$ 和 $\omega_{\mathrm{ch}}$ 为下通带上边频和上通带下边频。它的单位脉冲响应为

$$h_{\mathrm{d}}(n) = \frac{\sin\big[(n-a)\pi\big] + \sin\big[(n-a)\omega_{\mathrm{cl}}\big] - \sin\big[(n-a)\omega_{\mathrm{ch}}\big]}{\pi(n-a)} \tag{5-54}$$

**例 5-11**  有一段用采样频率为 10 kHz 采样得到的语音,现要滤除范围为 2～3 kHz 的语音信号,最小衰减不能小于 50 dB,要求 1.5 kHz 以下及 3.5 kHz 以上的语音信号基本没有衰减,试设计一个 FIR 数字带阻滤波器实现上述要求。

**解**  根据阻带最小衰减不能小于 50 dB 的要求,可以选择汉明窗函数,程序如下。

```
Fs=10000;                            % 采样频率
As=50;                               % 阻带衰减,是选择窗函数的依据
fpl=1500;fph=3500;                   % 通带模拟截止频率
fsl=2000;fsh=3000;                   % 阻带模拟截止频率
Wpl=2*pi*fpl/Fs;Wph=2*pi*fph/Fs;     % 模拟频率转化为数字频率
Wsl=2*pi*fsl/Fs;Wsh=2*pi*fsh/Fs;     % 模拟频率转化为数字频率
N=ceil(6.6*pi/(Wsl-Wpl));
% 计算 FIR 数字带阻滤波器阶数,汉明窗函数
N=mod(N+1,2)+N;                      % FIR 数字带阻滤波器阶数取奇数
w=hamming(N);                        % 汉明窗函数
Wcl=(Wpl+Wsl)/2;Wch=(Wph+Wsh)/2;    % 理想滤波器的通带截止频率
alph=(N-1)/2;                        % 时延常数
% 以下循环实现窗函数和理想滤波器单位脉冲响应的乘积,即加窗过程
for n=1:N
    if n==alph
```

```
       h(n)=w(n)*(1+(Wcl-Wch)/pi);
   else
       h(n)=w(n)*(sin(pi*(n-alph))+sin(Wcl*(n-alph))-sin(Wch*(n-alph)))/
(pi*(n-alph));
   end
end
[ampli,f]=freqz(h,1,1024,'whole',Fs);    % 得到 FIR 数字带阻滤波器的频率响应
amplidb=20*log10(abs(ampli));            % 计算幅频响应的衰减
subplot(2,1,1);plot(f(1:512),amplidb(1:512),'k');
                                    % 显示 FIR 数字带阻滤波器的幅度响应
xlabel('频率/Hz');ylabel('幅度/dB');grid;
subplot(2,1,2);[theta,fx]=phasez(h,1,1024,'whole',Fs);
                                    % FIR 数字带阻滤波器的相位响应及其坐标值
plot(fx(1:512),theta(1:512)*360/(2*pi),'k');
                                    % 显示 FIR 数字带阻滤波器的相位响应
xlabel('频率/Hz');ylabel('相位/(°)');grid;
```

　　程序运行结果如图 5-31 所示,在阻带截止频率 2 kHz 和 3 kHz 处,衰减均为 51.38 dB,达到了设计指标要求。在通带具有严格的线性相位特性。

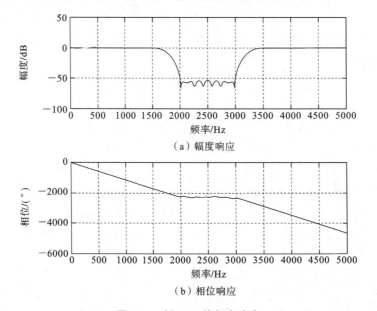

（a）幅度响应

（b）相位响应

**图 5-31　例 5-11 的频率响应**

　　直接调用 MATLAB 的 fir1()函数来设计 FIR 数字带阻滤波器,程序如下。

```
Fs=10000;                       % 采样频率
As=50;                          % 阻带衰减,是选择窗函数的依据
fpl=1500;fph=3500;              % 通带模拟截止频率
fsl=2000;fsh=3000;              % 阻带模拟截止频率
Wpl=2*pi*fpl/Fs;Wph=2*pi*fph/Fs;   % 模拟频率转化为数字频率
Wsl=2*pi*fsl/Fs;Wsh=2*pi*fsh/Fs;   % 模拟频率转化为数字频率
N=ceil(6.6*pi/(Wsl-Wpl));          % 计算 FIR 数字带阻滤波器阶数,汉明窗函数
```

```
N=mod(N+1,2)+N;                      % FIR 数字带阻滤波器阶数取奇数
w=hamming(N);                        % 汉明窗函数
Wcl=(Wpl+Wsl)/2/pi;Wch=(Wph+Wsh)/2/pi;
                                     % 理想 FIR 数字带阻滤波器的通带截止频率
h=fir1(N-1,[WclWch],'stop',w);
% 调用 fir1()函数得到 FIR 数字带阻滤波器系数,字符'stop'表示是 FIR 数字带阻滤波器
[ampli,f]=freqz(h,1,1024,'whole',Fs); % 得到滤波器的频率响应
amplidb=20*log10(abs(ampli));        % 计算幅频响应的衰减
subplot(2,1,1);
plot(f(1:512),amplidb(1:512),'k'); % 显示 FIR 数字带阻滤波器的幅度响应
xlabel('频率/Hz');ylabel('幅度/dB');grid;
subplot(2,1,2);
[theta,fx]=phasez(h,1,1024,'whole',Fs); % FIR 数字带阻滤波器的相位响应及其坐标值
plot(fx(1:512),theta(1:512)*360/(2*pi),'k');  % 显示 FIR 数字带阻滤波器的相位响应
xlabel('频率/Hz');ylabel('相位/(°)');grid;
```

程序运行结果如图 5-32 所示,在阻带截止频率 2 kHz 和 3 kHz 处,衰减均为 51.11 dB,达到了设计指标要求。

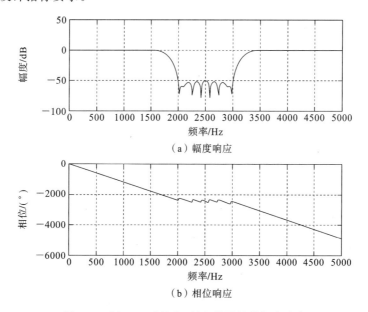

（a）幅度响应

（b）相位响应

**图 5-32　例 5-11 采用 fir1()函数设计的频率响应**

### 5.2.3　用频率采样法设计 FIR 数字滤波器

频率采样法从频域出发,对给定的理想滤波器的频率响应 $H_d(e^{j\omega})$ 在一个周期内进行 $N$ 点的等间隔采样,即

$$H_d(k)=H_d(e^{j\omega})\big|_{\omega_k=\frac{2\pi}{N}k}=H_d(e^{j\frac{2\pi}{N}k}) \tag{5-55}$$

再对 $H_d(k)$ 作离散傅里叶反变换(IDFT),可得到 $N$ 点单位采样序列 $h(n)$、系统函数 $H(z)$ 和频率响应 $H(e^{j\omega})$,即

$$h(n) = \frac{1}{N} \sum_{k=0}^{N-1} H_d(k) e^{j\frac{2\pi}{N}nk}, \quad n = 0, 1, \cdots, N-1 \tag{5-56}$$

$$H(z) = \frac{1 - z^{-N}}{N} \sum_{k=0}^{N-1} \frac{H_d(k)}{1 - W_N^{-k} z^{-1}} \tag{5-57}$$

$$H(e^{j\omega}) = e^{-j\left(\frac{N-1}{2}\right)\omega} \sum_{k=0}^{N-1} H_d(k) \cdot \frac{1}{N} e^{j\frac{\pi k}{N}(N-1)} \cdot \frac{\sin\left[N\left(\frac{\omega}{2} - \frac{k\pi}{N}\right)\right]}{\sin\left(\frac{\omega}{2} - \frac{k\pi}{N}\right)} \tag{5-58}$$

由此可以看出,连续函数 $H(e^{j\omega})$ 是由 $N$ 个离散值 $H_d(k)$ 作为权重和内插函数线性组合的结果。显然,采样值越多,即 $N$ 越大,$H(e^{j\omega})$ 对 $H_d(e^{j\omega})$ 的近似程度就越高。

一般情况下,给定的理想滤波器的频率响应 $H_d(e^{j\omega})$ 只给出了 0 和 $\pi$ 之间的值,因而 $k$ 只能取部分的值,$\pi \sim 2\pi$ 的采样值则需要根据线性相位的对称条件来构造得到。令 $H_d(k) = H(k) e^{j\theta(k)}$ 为对 $H_d(e^{j\omega})$ 的采样值,则对相位采样值 $\theta(k)$ 为

$$\theta(k) = -\frac{N-1}{2} \times \frac{2\pi}{N} k = -\frac{N-1}{N} \pi k \tag{5-59}$$

构造方法为

$$\begin{cases} H(N-k) = H(k), \quad k = 1, 2, \cdots, \left[\dfrac{N-1}{2}\right] \\ \theta(N-k) = \dfrac{N-1}{N} \pi k \end{cases} \tag{5-60}$$

可表示为

$$H_d(N-k) = H_d^*(k), \quad k = 1, 2, \cdots, \left[\frac{N-1}{2}\right] \tag{5-61}$$

只是当 $N$ 为偶数时,$H(N/2) = 0$,上式中 $[\cdot]$ 表示取整。这样就能根据理想滤波器 $H_d(e^{j\omega})$ 在 0 和 $\pi$ 之间的 $[N-1/2]$ 个采样值 $H_d(k), k = 1, 2, \cdots, [N-1/2]$,采用式(5-60)的构造方法,构造得到其余的采样值 $H_d(k), k = [N/2]+1, [N/2]+2, \cdots, N-1$。

**例 5-12**   用频率采样法设计一个 FIR 数字低通滤波器,其通带截止频率是采样频率的 1/10,采样点数 $N$ 为 20。

**解**   由已知条件采样点数 $N$ 为 20,且通带截止频率是采样频率的 1/10,可知通带内仅有两个采样值,即 $H_d(0) = 1 \times e^{-j\frac{N-1}{N}\pi \times 0} = 1$,$H_d(1) = 1 \times e^{-j\frac{N-1}{N}\pi \times 1} = e^{-j\frac{19\pi}{20}}$,$H_d(19) = H_d^*(1) = 1 \times e^{j\frac{N-1}{N}\pi \times 1} = e^{j\frac{19\pi}{20}}$,其他所有采样值为 0。程序如下:

```
N=20;                           % 采样点数,即 FIR 数字低通滤波器阶数
hd=zeros(N);                    % 长度为 N 的向量
hd(1)=exp(0);                   % 第一个采样点值
hd(2)=exp(-j*(N-1)*pi/N);       % 第二个采样点值
hd(20)=exp(j*(N-1)*pi/N);       % 最后一个采样点值
% 下面的循环是计算 FIR 数字低通滤波器的单位脉冲响应
for n=1:N
    hn(n)=0;
    for k=1:N
        hn(n)=hd(k)*(exp(j*(2*pi*(n-1)*(k-1)/N)))/N+hn(n);
    end
```

```
end
omega=linspace(0,pi,512);
ampli=freqz(hn,1,omega);           % 得到 FIR 数字低通滤波器的频率响应
amplidb=20*log10(abs(ampli)/abs(ampli(1)));
                                   % 计算幅频响应的衰减
subplot(2,1,1);plot(omega/pi,amplidb,'k');;
                                   % 显示 FIR 数字低通滤波器的幅度响应
xlabel('数字频率/\pi');ylabel('幅度/dB');axis([0 1 -50 1]);grid;
subplot(2,1,2);theta=phasez(hn,1,omega);
                                   % FIR 数字低通滤波器的相位响应及其坐标值
plot(omega/pi,theta*360/(2*pi),'k');  % 显示 FIR 数字低通滤波器的相位响应
xlabel('数字频率/\pi');ylabel('相位/(°)');grid;
```

程序运行结果如图 5-33 所示,显然阻带衰减很小,通带还有上冲,可以通过增加过渡点来解决这个问题。增加过渡点 0.5 的 FIR 数字低通滤波器的幅度特性如图 5-34 实线所示,点画线为没有增加过渡点的幅度特性,纵坐标为绝对值。频率采样法所设计的 FIR 数字低通滤波器在通带内仍然具有严格的线性相位特性。增加过渡点 0.5 的部分程序如下。

```
hd(3)=0.5*exp(-j*(N-1)*pi*2/N);;         % 增加的过渡点,幅度为 0.5
hd(19)=0.5*exp(j*(N-1)*pi*2/N);          % 增加的过渡点,幅度为 0.5
for n=1:N
    hn (n)=0;
    for k=1:N
        hn (n)=hd(k)*(exp(j*(2*pi*(n-1)*(k-1)/N)))/N+hn (n);
    end
end
```

增加过渡点和不增加过渡点的 FIR 数字低通滤波器的幅频特性如图 5-34 所示,增加了过渡点后,通带内上冲减小,阻带内的纹波也大为减小,但是,过渡带加宽了。

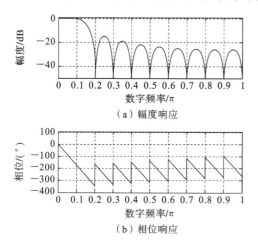

图 5-33 例 5-12 的频率响应

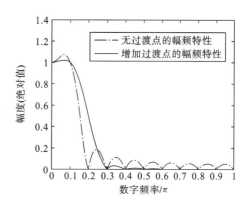

图 5-34 增加过渡点的 FIR 数字
低通滤波器幅频特性

**例 5-13** 试用频率采样法设计一个线性相位 FIR 数字高通滤波器,通带下限频率 $\omega_p = 0.6\pi$,采样点数 $N$ 为 21。

**解** 要求通带下限频率 $\omega_p = 0.6\pi$,采样点数 $N = 21$,采样间隔为 $2\pi/(N-1) = 0.1\pi$,第 6、7、8、9、10 采样点的值在通带内,再按对称性构造出通带内的采样点 11、12、13、14 的值。程序如下。

```
N=21;                              % 采样点数
Wp=0.6*pi;                         % 通带截止频率
deltaW=2*pi/(N-1);                 % 采样间隔
Ns=Wp/deltaW;                      % 阻带采样点数
Hk=zeros(N);                       % 定义采样值
for n=Ns+1:(N-1)/2+1               % 注意:MATLAB 中序号是从 1 开始的
    Hk(n)=exp(-j*pi*(n-1)*(N-1)/N);  % (N-1)/2 内通带采样点值
    Hk(N-n)=conj(Hk(n));           % 构造(N-1)/2 外通带采样点值
end
for n=1:N
    hn(n)=0;
    for k=1:N
        hn(n)=Hk(k)*(exp(j*(2*pi*(n-1)*(k-1)/N)))/N+hn(n);
        % 计算单位脉冲响应
    end
end
omega=linspace(0,pi,512);         % 定义坐标
Ampli=freqz(hn,1,omega);          % 得到 FIR 数字高通滤波器频率响应
Amplidb=20*log10(abs(Ampli));     % 频率响应的衰减值
subplot(2,1,1);plot(omega/pi,Amplidb,'k');;
                                  % 显示 FIR 数字高通滤波器的幅度响应
xlabel('数字频率/\pi');ylabel('幅度/dB');axis([0 1 -60 5]);grid;
subplot(2,1,2);theta=phasez(hn,1,omega);
                                  % FIR 数字高通滤波器的相位响应及坐标值
plot(omega/pi,theta*360/(2*pi),'k');   % 显示 FIR 数字高通滤波器的相位响应
xlabel('数字频率/\pi ');ylabel('相位/(°)度');grid;
```

程序运行结果如图 5-35 所示,在通带内有较大的纹波,且阻带最小,衰减也很小。要改善 FIR 数字高通滤波器的性能,需要增加过渡点并增加采样点数。

**例 5-14** 用频率采样法设计一个线性相位 FIR 数字带通滤波器,其通带频率为 400~600 Hz,采样频率为 2000 Hz,FIR 数字带通滤波器的阶数为 25。

**解** 先确定通带内的采样点,并构造其余的采样点的值,程序如下。

```
N=25;                             % 采样点数
Fs=2000;fpl=400;fph=600;          % 模拟频率
Wpl=2*pi*fpl/Fs;Wph=2*pi*fph/Fs;  % 通带截止频率
deltaW= 2* pi/(N- 1);             % 采样间隔
Nsl=round(Wpl/deltaW);Nsh=round(Wph/deltaW); % 阻带采样点数
Hk=zeros(N);                      % 定义采样值
```

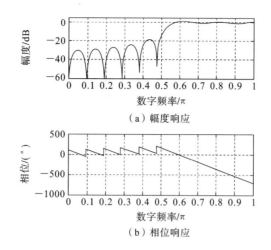

（a）幅度响应

（b）相位响应

**图 5-35 例 5-13 的频率响应**

```
for n=Nsl+1:Nsh+1                               % 注意:MATLAB 中序号是从 1 开始的
    Hk(n)=exp(-j*pi*(n-1)*(N-1)/N);             % (N-1)/2 内通带采样点值
    Hk(N-n)=conj(Hk(n));                        % 构造(N-1)/2 外通带采样点值
end
for n=1:N
    hn(n)=0;
    for k=1:N
        hn(n)=Hk(k)*(exp(j*(2*pi*(n-1)*(k-1)/N)))/N+hn(n);
                                                % 计算单位脉冲响应
    end
end
[ampli,f]=freqz(hn,1,1024,'whole',Fs);% 得到 FIR 数字带通滤波器的频率响应
amplidb=20*log10(abs(ampli));                   % 计算幅频响应的衰减
subplot(2,1,1);plot(f(1:512),amplidb(1:512),'k');;
                                                % 显示 FIR 数字带通滤波器的幅度响应
xlabel('频率/Hz');ylabel('幅度/dB');axis([0 1000 -60 5]);grid;
subplot(2,1,2);[theta,fx]=phasez(hn,1,1024,Fs);
                                    % FIR 数字带通滤波器的相位响应及其坐标值
plot(fx,theta*360/(2*pi),'k');        % 显示 FIR 数字带通滤波器的相位响应
xlabel('频率/Hz');ylabel('相位/(°)');grid;
```

程序运行结果如图 5-36 所示。

从图 5-36 可以看出,设计的 FIR 数字带通滤波器通带仍然是有较大的纹波,阻带最小,衰减也较小。可以通过增大采样点数和增加过渡点来改善 FIR 数字带通滤波器的性能。而且,设计的 FIR 数字带通滤波器通带上、下截止频率处并不一致,原因是采样点并不是刚好落在通带上、下截止频率处。在例 5-14 中,采样间隔为 0.2618 s,通带下边频为 400 Hz,则对应的数字频率为 1.2566,对应的采样点数为 4.8,并不是一个整数,四舍五入后取为 5;通带上边频为 600 Hz,则对应的数字频率为 1.885,对应的采样点数为 7.2,并不是一个整数,四舍五入后取为 7。这导致在通带下边频和上边频的实际位置发生了改变,结果在 400 Hz 处,衰减为 0.02612 dB,几乎无衰减,但是在 600 Hz

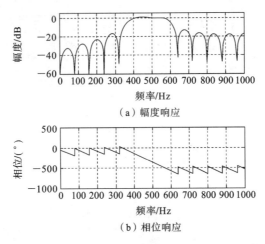

图 5-36 例 5-14 的频率响应

处,衰减为 4.417 dB。这可以在通带上边频处再增加一个通带采样点,使通带上边频的位置上移。这说明可以通过增加采样点数来保证通带边频的位置的准确性。例如,在例 5-14 中,将采样点数变为 71,并在通带边频增加过渡点,这将使设计结果性能得到较大的改善。

## 5.2.4 用切比雪夫最佳逼近法设计 FIR 数字滤波器

切比雪夫最佳逼近法又称为等纹波逼近法。设所希望设计的滤波器幅度响应为 $H_d(\omega)$,实际逼近的幅度响应为 $H(\omega)$,则加权误差为

$$e(\omega) = W(\omega)\left[H_d(\omega) - H(\omega)\right] \tag{5-62}$$

其中:$W(\omega)$ 为预先指定的加权函数。$W(\omega)$ 用于说明滤波器的各频带的不同逼近精度,在要求误差较小的频带上 $W(\omega)$ 取较大的值,允许误差较大的频带上 $W(\omega)$ 取较小的值。将所指定的频带记为 $\Theta$。切比雪夫最佳逼近法的准则就是,选择 FIR 数字滤波器的单位脉冲响应 $h(n)$,使得在 $\Theta$ 内误差函数 $e(\omega)$ 的最大绝对值达到最小,将该最小值记为 $\|\xi(\omega)\|$,则有

$$\|\xi(\omega)\| = \min_{h(n)}\left[\max_{\omega \in \Theta}|e(\omega)|\right] \tag{5-63}$$

该方法基于交错定理,采用 Remez 算法来设计 FIR 数字滤波器,借助于计算机,通过多次迭代,往往能得到最佳的设计结果。有关理论可以参考相关教材,在此仅通过举例说明本方法是如何设计数字滤波器的。在 MATLAB 中可调用 remezord() 函数和 remez() 函数来设计等纹波滤波器。

**例 5-15** 用切比雪夫最佳逼近法设计一个 FIR 数字低通滤波器,其通带边频为 500 Hz,阻带边频为 600 Hz,采样频率为 2000 Hz,通带最大衰减为 3 dB,阻带最小衰减为 40 dB。

**解** 程序如下。

```
Ap=3;As=40;                      % 衰减指标
Fs=2000;                         % 采样频率
fp=500;fs=600;                   % 通带、阻带频率
f=[fp fs];                       % 指定通、带阻带位置
```

```
m=[1 0];                              % 指定通带、阻带理想的幅度值
e=[(10^(Ap/20)-1)/(10^(Ap/20)+1) 10^(-As/20)];
                                      % 通带和阻带的纹波大小
[N,f0,m0,w]=remezord(f,m,e,Fs);
% 估计 FIR 数字低通滤波器的阶数 N、归一化边界频率 f0、幅度值 m0 及加权量 w
h=remez(N+1,f0,m0,w);
% 利用 remez()函数得出 FIR 数字低通滤波器的单位脉冲响应
[Ampli fx]=freqz(h,1,1024,Fs);        % FIR 数字低通滤波器的频率响应及其坐标值
subplot(2,1,1);plot(fx,20*log10(abs(Ampli)),'k');
                                      % 显示 FIR 数字低通滤波器的幅度响应
xlabel('频率/Hz');ylabel('幅度/dB');grid;
subplot(2,1,2);[theta,fx]=phasez(h,1,1024,Fs);
                                      % FIR 数字低通滤波器的相位响应及其坐标值
plot(fx,theta*360/(2*pi),'k');        % 显示 FIR 数字低通滤波器的相位响应
xlabel('频率/Hz');ylabel('相位/(°)');grid;
```

程序运行结果如图 5-37 所示。

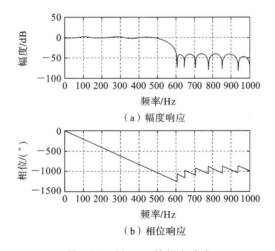

（a）幅度响应

（b）相位响应

**图 5-37** 例 5-15 的频率响应

从图 5-37 可以看出，设计的 FIR 数字低通滤波器在通带和阻带都具有等纹波特点，在通带和阻带边频处均达到设计指标要求。而且，在通带内，具有严格的线性相位特性。

**例 5-16** 用切比雪夫最佳逼近法设计一个 FIR 数字高通滤波器，其阻带边频为 500 Hz，通带边频为 700 Hz，采样频率为 2000 Hz，通带最大衰减为 2 dB，阻带最小衰减为 60 dB。

**解** 程序如下。

```
Ap=2;As=60;                      % 衰减指标
Fs=2000;                         % 采样频率
fs=500;fp=700;f=[fs fp]; m=[0 1]; % 指定通带、阻带位置及理想衰减特性
e=[10^(-As/20) (10^(Ap/20)-1)/(10^(Ap/20)+1)];   % 通带和阻带的纹波大小
[N,f0,m0,w]=remezord(f,m,e,Fs);
% 估计 FIR 数字高通滤波器的阶数 N、归一化边界频率 f0、幅度值 m0 及加权量 w
```

```
h=remez(N+1,f0,m0,w);
% 利用 remez()函数得出 FIR 数字高通滤波器的单位脉冲响应
[Ampli fx]=freqz(h,1,1024,Fs);      % FIR 数字高通滤波器的频率响应及其坐标值
subplot(2,1,1);plot(fx,20*log10(abs(Ampli)),'k');
                                    % 显示 FIR 数字高通滤波器的幅度响应
xlabel('频率/Hz');ylabel('幅度/dB');grid;
subplot(2,1,2);[theta,fx]=phasez(h,1,1024,Fs);
% FIR 数字高通滤波器的相位响应及其坐标值
plot(fx,theta*360/(2*pi),'k');      % 显示 FIR 数字高通滤波器的相位响应
xlabel('频率/Hz');ylabel('相位/(°)');grid;
```

程序运行结果如图 5-38 所示。

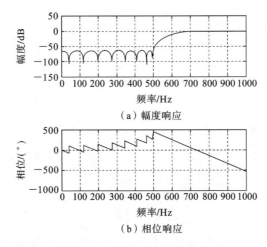

（a）幅度响应

（b）相位响应

**图 5-38    例 5-16 的频率响应**

从图 5-38 可以看出，设计出的 FIR 数字高通滤波器在通带和阻带都具有等纹波特点，在通带和阻带边频处均达到设计指标要求。

**例 5-17**    用切比雪夫最佳逼近法设计一个 FIR 数字带通滤波器，其通带下边频为 400 Hz，通带上边频为 700 Hz，下阻带边频为 300 Hz，上阻带边频为 800 Hz，通带最大衰减为 2 dB，阻带最小衰减为 50 dB，采样频率为 2000 Hz。

**解**    程序如下。

```
Ap=3;As=50;                        % 衰减指标
Fs=2000;                           % 采样频率
fpl=400;fph=700;fsl=300;fsh=800;   % 通带、阻带频率
f=[fsl fpl fph fsh];m=[0 1 0];
% 指定通带阻带位置及理想的幅度值,注意 f 的长度为 2×length(m)-2
ep=(10^(Ap/20)-1)/(10^(Ap/20)+1);es=10^(-As/20);
e=[es ep es];                      % 通带和阻带的纹波大小
[N,f0,m0,w]=remezord(f,m,e,Fs);
% 估计 FIR 数字带通滤波器的阶数 N、归一化边界频率 f0、幅度值 m0 及加权量 w
h=remez(N+1,f0,m0,w);
% 利用 remez()函数得出 FIR 数字带通滤波器的单位脉冲响应
```

```
[Ampli fx]=freqz(h,1,1024,Fs);        % FIR数字带通滤波器的频率响应及其坐标值
subplot(2,1,1);plot(fx,20*log10(abs(Ampli))),'k');
                                      % 显示FIR数字带通滤波器的幅度响应
xlabel('频率/Hz');ylabel('幅度/dB');grid;
subplot(2,1,2);[theta,fx]=phasez(h,1,1024,Fs);
% FIR数字带通滤波器的相位响应及其坐标值
plot(fx,theta*360/(2*pi),'k');        % 显示FIR数字带通滤波器的相位响应
xlabel('频率/Hz');ylabel('相位/(°)');grid;
```

在程序中,注意 f 和 m 的长度关系为 f＝2×m－2,即 f 为 4 时,m 只能为 3,原因是在 f 中省略了 0 和 1 这两个点。程序运行结果如图 5-39 所示。

从图 5-39 可以看出,设计的 FIR 数字带通滤波器在通带和阻带都具有等纹波特点,在通带边频 300 Hz 和 700 Hz 处,衰减分别为 1.645 dB 和 1.596 dB,在阻带边频 300 Hz 和 800H 处,衰减分别为 46.69 dB 和 45.8 dB,通带衰减达到了设计指标要求,但是阻带衰减没有达到指标要求。要达到指标要求,需要增加阶数 N。

若在例 5-17 中,在估计出的阶数 N 上再增加 5,则设计出的滤波器如图 5-40 所示,就满足了设计指标要求。

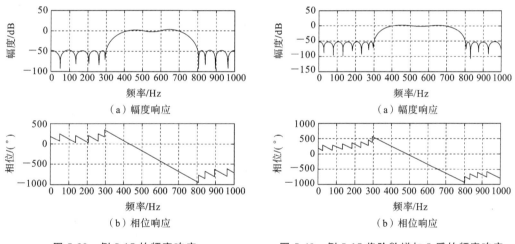

图 5-39 例 5-17 的频率响应　　　图 5-40 例 5-17 将阶数增加 5 后的频率响应

**例 5-18** 用切比雪夫最佳逼近法设计一个 FIR 数字带阻滤波器,要滤除 50 Hz 的工频干扰,其下通带上边频为 45 Hz,上通带下边频为 55 Hz,阻带下边频为 49 Hz,阻带上边频为 51 Hz,通带最大衰减为 3 dB,阻带最小衰减为 30 dB,采样频率为 200 Hz。

**解** 程序如下。

```
Ap=3;As=30;                           % 衰减指标
Fs=200;                               % 采样频率
fpl=45;fph=55;fsl=49;fsh=51;          % 通带、阻带频率
f=[fpl fsl fsh fph];m=[1 0 1];
% 指定通带阻位置及理想的幅度值,注意 f 的长度为 2length(m)-2
ep=(10^(Ap/20)-1)/(10^(Ap/20)+1);es=10^(-As/20);
e=[es ep es];                         % 通带和阻带的纹波大小
[N,f0,m0,w]=remezord(f,m,e,Fs);
```

```
% 估计 FIR 数字带阻滤波器的阶数 N、归一化边界频率 f0、幅度值 m0 及加权量 w
h=remez(N,f0,m0,w);
% 利用 remez()函数得出 FIR 数字带阻滤波器的单位脉冲响应
[Ampli fx]=freqz(h,1,1024,Fs);
% FIR 数字带阻滤波器的频率响应及其坐标值
subplot(2,1,1);plot(fx,20*log10(abs(Ampli)),'k');
                                        % 显示 FIR 数字带阻滤波器的幅度响应
xlabel('频率/Hz');ylabel('幅度/dB');grid;
subplot(2,1,2);[theta,fx]=phasez(h,1,1024,Fs);
% FIR 数字带阻滤波器的相位响应及其坐标值
plot(fx,theta*360/(2*pi),'k');          % 显示 FIR 数字带阻滤波器的相位响应
xlabel('频率/Hz');ylabel('相位/(°)');grid;
```

程序运行结果如图 5-41 所示,设计的 FIR 数字带阻滤波器在通带和阻带都具有等纹波特点,在通带边频 45 Hz 和 55 Hz 处,衰减均为 0.4596 dB,在阻带边频 49 Hz 和 51 Hz 处,衰减为 9.711 dB,通带衰减远远超过了设计指标要求,但是阻带衰减远远没有达到指标要求。FIR 数字带阻滤波器在通带内具有严格的线性相位特性。衰减指标不满足要求的原因是,在设计这种过渡带很窄的 FIR 数字带阻滤波器时,估计的阶数 N 较小,不能满足设计指标要求。若在估计的阶数 N 的基础上将其增大,则 FIR 数字带阻滤波器的性能将会有所改善。但是,这样的代价就是 FIR 数字带阻滤波器的阶数增加,FIR 数字带阻滤波器变得复杂,而且运算所需的时间也会增加。例如,在例 5-18中,在估计出的阶数 N 的基础上再增大 60,即将上述程序中的语句

```
h=remez(N,f0,m0,w);     % 利用 remez()函数得出 FIR 数字带阻滤波器的单位脉冲响应换成
h=remez(N+60,f0,m0,w);  % 利用 remez()函数得出 FIR 数字带阻滤波器的单位脉冲响应
```

则在阻带处衰减基本达到指标要求,如图 5-42 所示。对于这种过渡带很窄的 FIR 数字带阻滤波器,往往阶数很大。显然,这也是一种陷波器,目的在于滤除某种频率的干扰,如本例中,就是滤除 50 Hz 的工频干扰。

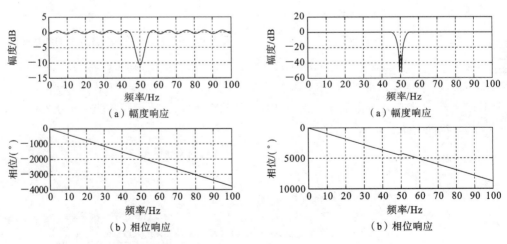

图 5-41 例 5-18 的频率响应            图 5-42 例 5-18 将阶数增加 60 后的频率响应

## 5.3 数字滤波器的实现

下面介绍用软件来实现 IIR 数字滤波器或 FIR 数字滤波器对信号进行滤波的方法。

单位脉冲响应为 $h(n)$ 的一个线性时不变离散时间系统,其输入 $x(n)$ 与输出 $y(n)$ 的关系为

$$y(n) = x(n) * h(n) \tag{5-64}$$

即卷积的关系。FIR 数字滤波器的单位脉冲响应是有限长的,输入信号长度也是有限长的,因此,FIR 数字滤波器可以采用式(5-64)来实现滤波。但是,IIR 数字滤波器的单位脉冲响应 $h(n)$ 为无限长的,显然不能采用式(5-64)来实现滤波过程。若 $x(n)$ 与 $h(n)$ 的傅里叶变换存在,则输入和输出的频域关系为

$$Y(e^{j\omega}) = X(e^{j\omega}) H(e^{j\omega}) \tag{5-65}$$

然后再通过傅里叶反变换就可得到滤波结果。但是在实际实现中,傅里叶变换一般是通过快速离散傅里叶变换来实现的,而快速离散傅里叶变换的采样是傅里叶变换的有限个点的采样值,因此,也都是有限长的,要求采样点数大于序列长度,否则会出现混叠失真。

一个线性时不变系统的系统函数为

$$H(z) = \frac{\sum_{k=0}^{M} b_k z^{-k}}{1 - \sum_{k=1}^{N} a_k z^{-k}} \tag{5-66}$$

与其对应的常系数线性差分方程为

$$y(n) = \sum_{k=1}^{N} a_k y(n-k) + \sum_{k=0}^{M} b_k x(n-k) \tag{5-67}$$

式(5-67)表明了输出和输入的关系(注意系数 $a_k$ 的符号)。但是,一般处理的信号都是从 0 开始取值的有限长序列,因此,采用差分方程实现滤波时,开始部分样点值就无法实现滤波,通常采用的处理方式是让输出起始部分的值为 0。

下面对一段 8000 Hz 采样的语音信号 a.wav(发元音"啊～"、长度为 1 s),通过 IIR 和 FIR 数字滤波器来实现滤波,a.wav 的原始时域波形和频谱如图 5-43 所示。为了能显示语音数据时域波形的细节,这里只显示了 0.2s,即 1600 点的语音数据。

从图 5-43 所示的时域波形可以看出,该语音信号具有较明显的周期性,从波形估计其基频为 181.8 Hz。从频谱图可以看出,该语音信号的主要频率在 1200 Hz 以内,1200 Hz 以上基本无信号,基频为 180 Hz,与时域波形估计结果基本一致。加上幅度为 0.1,频率分别为 1500 Hz、2000 Hz 和 2500 Hz 的干扰后的时域波形和频谱如图 5-44 所示。程序如下。

```
[x,Fs]=wavread('a.wav');
% a.wav 文件放在 MATLAB 的 work 文件夹中,x 为读出的语音数据,Fs 为采样频率
N=length(x);              % 语音的长度
y=x/max(abs(x));          % 归一化,让最大值为 1
```

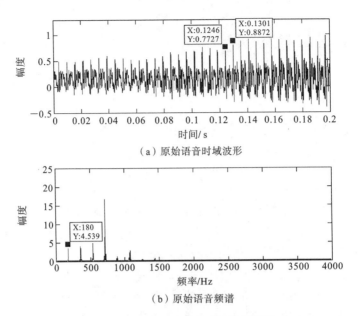

（a）原始语音时域波形

（b）原始语音频谱

**图 5-43　原始语音时域波形及其频谱**

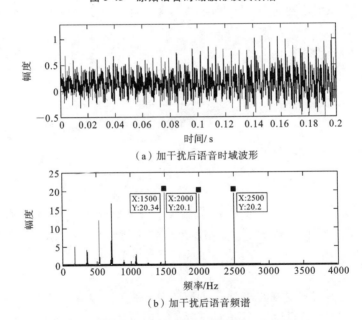

（a）加干扰后语音时域波形

（b）加干扰后语音频谱

**图 5-44　加干扰后语音时域波形及其频谱**

```
t=0:1599;                     % 时间坐标,只显示 0.2s,即 1600 点的时域数据
subplot(2,1,1);plot(t/Fs,y(1:1600),'k');
xlabel('时间/s');ylabel('幅度');axis([0 0.2 -0.5 1.3]);
z=fft(y);                     % 快速离散傅里叶变换
H=z.*conj(z)/N;               % 能量
f=0:N/2-1;                    % 频率坐标
subplot(2,1,2);plot(f*Fs/N,H(1:N/2),'k');
xlabel('频率/Hz');ylabel('幅度');axis([0 N/2 0 25]);
for i=1:N                     % 下面是加频率为 1500、2000、2500 Hz 的噪声
```

```
        y(i)=y(i)+(sin(2*pi*1500*i/Fs)+cos(2*pi*2000*i/Fs)+sin(2*pi*2500
*i/Fs))/10;
    end
    subplot(2,1,1);plot(t/Fs,y(1:1600),'k');
    xlabel('时间/s');ylabel('幅度');axis([0 0.2 -0.5 1.3]);
    z=fft(y);
    H=z.*conj(z)/N;
    subplot(2,1,2);plot(f*Fs/N,H(1:N/2),'k');
    xlabel('频率/Hz');ylabel('幅度');axis([0 N/2 0 25]);
```

### 5.3.1 用 IIR 数字滤波器进行滤波

根据信号的频谱构成，现要滤除 1200 Hz 以上的信号，1200 Hz 以内的衰减不能大于 3 dB，1500 Hz 以上的衰减不能小于 40 dB，采用 IIR 数字滤波器来实现上述要求。

首先，根据式(5-67)的常系数线性差分方程，可以得出输出和输入的关系，即实现了滤波。但是起始点的部分无法滤波，下面分别采用两种方式来处理。

(1) 将该部分保留为输入信号值，程序如下。

```
[w,Fs]=wavread('a.wav');
% a.wav 文件放在 MATLAB 的 work 文件夹中,w 为读出的语音数据,Fs 为采样频率
N=length(w);
fp=1200;fs=1500;Ap=3;As=40;           % 以下是设计 IIR 数字滤波器
Wp=2*pi*fp/Fs;Ws=2*pi*fs/Fs;
[n,Wn]=buttord(Wp/pi,Ws/pi,Ap,As);
[b,a]=butter(n,Wn);
x=w/max(abs(w));
for i=1:N                              % 以下是加噪声干扰
    x(i)=x(i)+(sin(2*pi*1500*i/Fs)+cos(2*pi*1600*i/Fs)+sin(2*pi*2000
*i/Fs))/10;
end
K=length(b);                          % 滤波器的阶数
for i=1:N
    y(i)=x(i);                        % 起始部分为输入信号值
    if i> K-1
        y(i)=b(1)*x(i);
% 分母多项式的第一个系数为 1,在差分方程中对应等式左边的 y(n)项
        for j=2:K                     % 从第二个系数开始
            y(i)=b(j)*x(i-j+1)-a(j)*y(i-j+1)+y(i);
                                      % 实现差分方程的运算,注意系数 a 为负数
        end
    end
end
z=fft(y);                            % 对信号进行傅里叶变换
H=z.*conj(z)/N;                       % 得到频域中的能量
```

```
t=0:1599;subplot(2,1,1);plot(t/Fs,y(1:1600),'k');
xlabel('时间/s');ylabel('幅度');
axis([0 0.2 -0.5 1.3]);
f=0:N/2-1;subplot(2,1,2);plot(f*Fs/N,H(1:N/2),'k');
xlabel('频率/Hz');ylabel('幅度');
axis([0 N/2 0 25]);
```

程序运行结果如图 5-45 所示。显然起始部分出现了失真,造成失真的原因就是将输出信号起始部分的值等于输入信号。再一种处理方式是,将输出信号起始部分的值设为 0,则程序运行结果如图 5-46 所示。

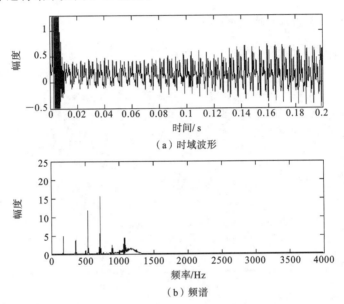

图 5-45  依据差分方程进行滤波后语音时域波形及其频谱(初始部分保留原信号值)

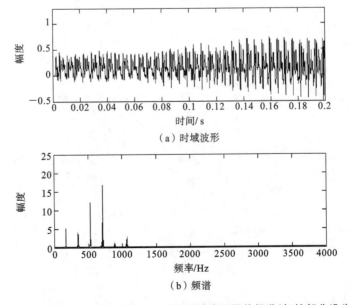

图 5-46  依据差分方程进行滤波后语音时域波形及其频谱(初始部分设为 0)

比较图 5-46 与图 5-44,从图 5-46 可以看出,处于 1200 Hz 以上的三个干扰信号,即 1500、2000、2500 Hz 的信号,已被滤除。比较图 5-46 与图 5-43,滤波后信号的频谱与滤波前信号的频谱几乎没有差别。比较图 5-42、图 5-43 和图 5-45 的时域波形,并不能得出明显的结论。通过傅里叶变换,即在频域对信号进行分析,将能清楚地显示出信号的主要频率成分,这也是用傅里叶变换对信号进行分析的优点。

根据图 5-45 和图 5-46 的结果,显然,在采用差分方程实现信号的滤波时,初始部分值不能被滤波,因此,最好的方式就是让初始部分的输出值为 0。若将初始部分的输出信号等于输入信号的值,则将在滤波输出的信号前部分会有较明显的失真存在,如图 5-45 所示的时域波形。从频谱图上看,在截止频率附近(1200 Hz),频谱上移,表明额外产生了频率在 1200 Hz 附近系列的干扰信号。

(2)采用变换域法来实现滤波,即根据式(5-65),再通过反变换来实现滤波,程序如下。

```
[x,Fs]=wavread('a.wav');
% a.wav 文件放在 MATLAB 的 work 文件夹中,x 为读出的语音数据,Fs 为采样频率
N=length(x);
fp=1200;fs=1500;Ap=3;As=40;    % 以下是设计 IIR 数字滤波器
Wp=2*pi*fp/Fs;Ws=2*pi*fs/Fs;
[n,Wn]=buttord(Wp/pi,Ws/pi,Ap,As);
[b,a]=butter(n,Wn);
y=x/max(abs(x));
for i=1:N                        % 以下是加噪声干扰
    y(i)=y(i)+(sin(2*pi*1500*i/Fs)+cos(2*pi*1600*i/Fs)+sin(2*pi*2000*i/Fs))/10;
end
K=length(b);
h=freqz(b,a,N,'whole',Fs);
% 得到 IIR 数字滤波器的傅里叶变换,是在 0 和 Fs 之间均匀选取 N 个点计算频率响应
z=fft(y,N);                      % 对信号进行傅里叶变换
Y=h.*z;                          % 在频域相乘
H=Y.*conj(Y)/N;                  % 得到频域中的能量
y=ifft(Y,N);                     % 对频域相乘的结果进行逆变换,得到滤波后的信号
t=0:1599;                        % 时间坐标,只显示 0.2s,即 1600 点的时域数据
subplot(2,1,1);plot(t/Fs,real(y(1:1600)),'k');
xlabel('时间/s');ylabel('幅度');
axis([0 0.2 -0.5 1.3]);
f=0:N/2-1;subplot(2,1,2);plot(f*Fs/length(Y),H(1:N/2),'k');
xlabel('频率/Hz');ylabel('幅度');
axis([0 N/2 0 25]);
```

程序运行结果如图 5-47 所示。比较图 5-47 与图 5-43,滤波后信号的频谱与滤波前信号的频谱几乎没有差别。根据频域采样定理不失真的条件可知,只有当采样点数

大于被采样序列长度才能避免混叠,但是 IIR 数字滤波器的单位脉冲响应是无限长的。因此,从理论上来看,无论快速离散傅里叶的点数取多大,都将导致失真。在实际中,当采样点数大于信号长度时,如本例中快速离散傅里叶的点数在 8000 点以上,其混叠失真将出现在 8000 点以上,而我们只需要 8000 点以内的结果,因此可以认为没有失真,运行结果也是如此。但是,实际上失真是肯定存在的,只是失真的程度在我们能够容忍的范围之内。

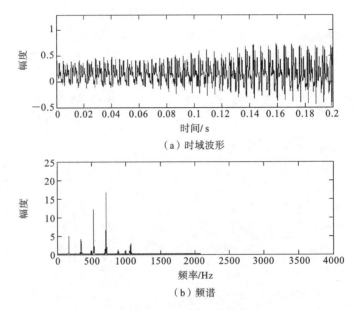

(a) 时域波形

(b) 频谱

**图 5-47 变换域法滤波后语音时域波形及其频谱**

其次,在 MATLAB 中,可以直接调用 filter() 函数来实现滤波,滤波部分的程序如下。

```
Y=filter(b,a,y);                    % 调用函数 filter 进行滤波
z=fft(Y);                           % 对信号进行傅里叶变换
H=z.*conj(z)/N;                     % 得到频域中的能量
t=0:1599;                           % 时间坐标,只显示 0.2s,即 1600 点的时域数据
subplot(2,1,1);plot(t/Fs,real(Y(1:1600)),'k');
xlabel('时间/s');ylabel('幅度');
axis([0 0.2 -0.5 1.3]);
f=0:N/2-1;subplot(2,1,2);plot(f*Fs/N,H(1:N/2),'k');
xlabel('频率/Hz');ylabel('幅度');
axis([0 N/2 0 25]);
```

程序运行结果如图 5-48 所示,滤波后信号的频谱与图 5-47 几乎完全相同。

### 5.3.2 用 FIR 数字滤波器进行滤波

由于 FIR 数字滤波器的单位脉冲响应 $h(n)$ 为有限长,因此,既可以采用式(5-64)在时域中通过卷积来实现滤波,也可以通过式(5-65)在频域中实现滤波。在与 5.3.1 小节相同的技术要求下,下面用 FIR 滤波器来实现滤波。

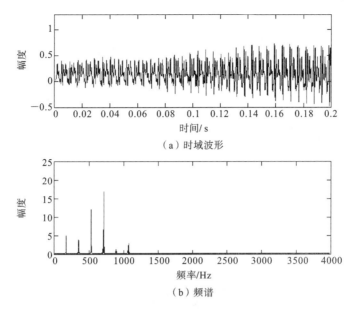

（a）时域波形

（b）频谱

**图 5-48　调用 filter( )函数滤波后语音时域波形及其频谱**

以下程序是采用式(5-64)的卷积实现滤波的，但是信号的起始部分长度为滤波器阶数的数据不能实现滤波，程序中采取保持原值的处理方式（也可以让该部分的值为 0）。

```
[x,Fs]=wavread('a.wav');
% a.wav 文件放在 MATLAB 的 work 文件夹中,x 为读出的语音数据,Fs 为采样频率
N=length(x);
fp=1200;fs=1500;Ap=3;As=40;          % 以下是用窗函数法设计 FIR 数字滤波器
Wp=2*pi*fp/Fs;Ws=2*pi*fs/Fs;
M=ceil(6.2*pi/(Ws-Wp));              % 计算 FIR 数字滤波器阶数,选择汉宁窗函数
M=mod(M+1,2)+M;                      % FIR 数字滤波器阶数取奇数
w=hanning(M);                        % 汉宁窗函数
Wc=(Wp+Ws)/2/pi;                     % 理想滤波器的归一化通带截止频率
b=fir1(M-1,Wc,w);
% 调用 fir1()函数得到 FIR 数字滤波器系数,即单位脉冲响应
y=x/max(abs(x));
for i=1:N                            % 以下是加噪声干扰
    y(i)=y(i)+(sin(2*pi*1500*i/Fs)+cos(2*pi*1600*i/Fs)+sin(2*pi*2000
*i/Fs))/10;
end
K=length(b);                         % FIR 数字滤波器的阶数
for i=1:N
    Y(i)=y(i);                       % 初始部分不能滤波,保持原值
    if i>K
        Y(i)=0;
        for j=1:K
            Y(i)=b(j)*y(i-j)+Y(i);   % 计算卷积
```

```
        end
      end
  end
  z=fft(Y);                              % 对信号进行傅里叶变换
  H=z.*conj(z)/N;                        % 得到频域中的能量
  t=0:1599;subplot(2,1,1);plot(t/Fs,real(Y(1:1600)),'k');
  xlabel('时间/s');ylabel('幅度');axis([0 0.2 -0.5 1.3]);;
  f=0:N/2-1;subplot(2,1,2);plot(f*Fs/N,H(1:N/2),'k');
  xlabel('频率/Hz');ylabel('幅度');axis([0 N/2 0 25]);
```

程序运行结果如图 5-49 所示,滤波后信号的频谱与图 5-43 所示原始信号的频谱几乎完全相同,与采用 IIR 数字滤波器滤波的结果一致。

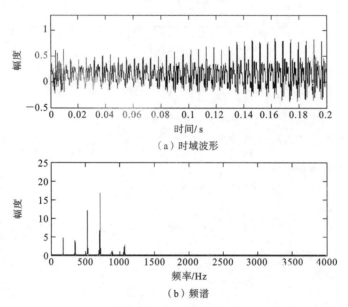

（a）时域波形

（b）频谱

**图 5-49　用 FIR 数字滤波器卷积滤波后语音时域波形及其频谱图**

也可调用 MATLAB 的 conv() 函数实现卷积运算以进行滤波,部分程序如下。

```
  Y=conv(b,y);             % 调用 conv() 函数实现卷积运算
  z=fft(Y);                % 对信号进行傅里叶变换
```

程序运行结果如图 5-50 所示,滤波后信号的频谱与图 5-49 所示的结果一致。

与 IIR 数字滤波器一样,也可以调用 MATLAB 的 filter() 函数来实现 FIR 数字滤波器的滤波,这时函数的第二个参数,即分子多项式应为 1,滤波部分的程序如下。

```
  Y=filter(b,1,y);
  % 调用 filter() 函数来实现滤波,第二个参数为 1,表示为 FIR 数字滤波器
  z=fft(Y);                              % 对信号进行傅里叶变换
  H=z.*conj(z)/N;                        % 得到频域中的能量
```

程序结果程序运行结果如图 5-51 所示,与图 5-50 所示的基本一致。

在 MATLAB 中,还有一个 fftfilt() 函数也能实现 FIR 数字滤波器的滤波处理(对

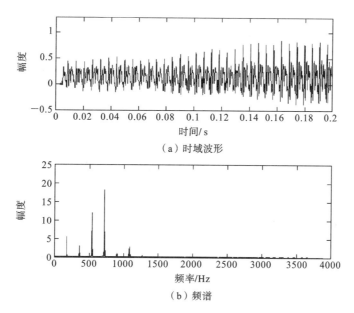

（a）时域波形

（b）频谱

图 5-50 用 FIR 数字滤波器调用 conv( )函数卷积滤波后语音时域波形及其频谱

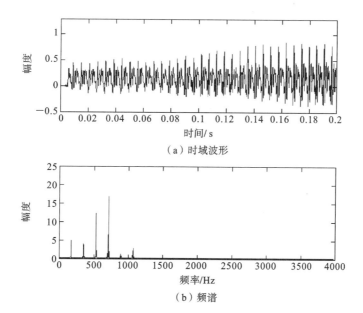

（a）时域波形

（b）频谱

图 5-51 用 FIR 数字滤波器调用 filter( )函数滤波后语音时域波形及其频谱

IIR 数字滤波器不能使用该函数实现滤波），滤波部分的程序如下。

```
Y=fftfilt(b,y);              % 调用 fftfilt()函数实现滤波
z=fft(Y);                    % 对信号进行傅里叶变换
H=z.*conj(z)/N;              % 得到频域中的能量
```

程序结果程序运行结果如图 5-52 所示，与采用其他函数和方法滤波的结果一致。fftfilt( )函数采用快速傅里叶变换，在计算速度上有较大的优势。

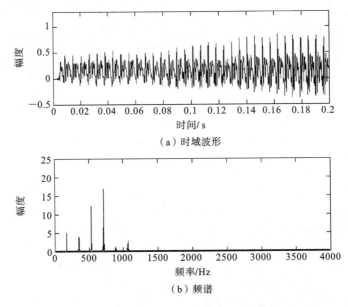

（a）时域波形

（b）频谱

图 5-52 用 FIR 数字滤波器调用 fftfilt( )函数滤波后语音时域波形及其频谱

# 6

# 多采样频率数字信号处理

在实际应用中,有时需要将给定采样频率的信号转化为具有不同采样频率的等价信号。例如,在数字音频中,常用的采样频率有 44.1 kHz、22.05 kHz、8 kHz 等,它们之间常常需要在不同采样频率中进行采样频率的转换。实现采样频率的转换,可以采用两种方法:一是先把序列经过 D/A 转换器转换为模拟信号,然后再采用新的采样频率来采样,但是经过 D/A 转换和 A/D 转换会引入失真和量化误差;一是直接对序列进行采样频率的变换。减小采样频率的过程称为信号的"抽取",增加采样频率的过程称为信号的"插值"。

## 6.1 序列的整数 $D$ 抽取

当模拟信号的采样频率比奈奎斯特频率高很多时,序列的数据量就会变很大。根据奈奎斯特采样定理,只要采样频率高于奈奎斯特频率就能够不失真地恢复信号,因此这些数据中,有一部分对信号的不失真恢复是没有影响的,即冗余信息。这时,就可以降低采样频率,只要不出现频谱混叠就同样能够不失真地恢复信号,从而达到减小数据量的目的。序列的整数 $D$ 抽取,就是从序列中连贯的 $D$ 个数据中抽取一个样点的值,共抽取 $D$ 次,从而将序列的采样频率降低到原来的 $1/D$,$D$ 称为抽取因子。

### 6.1.1 序列抽取的时域表示

设序列 $x(n)$ 的采样频率为 $f_s$,序列 $x_D(n)$ 的采样频率为 $f_s/D$。如前所述,产生序列 $x_D(n)$ 的方法就是从序列 $x(n)$ 中连贯的 $D$ 个样点值中抽取一个样点的值,共抽取 $D$ 次,依次组成序列 $x_D(n)$,即

$$x_D(n) = x(Dn) \qquad (6\text{-}1)$$

为了便于分析,这里引入一个中间序列 $x_p(n)$,$x_p(n)$ 是对 $x(n)$ 以间隔为 $D$ 的脉冲采样,即

$$x_p(n) = \begin{cases} x(n), & n=0,\pm D,\pm 2D,\cdots \\ 0, & \text{其他} \end{cases} \qquad (6\text{-}2)$$

显然,$x_p(n)$ 去掉 0 值后即为所抽取的序列 $x_D(n)$。

任意一个序列都可以表示成单位脉冲序列的加权和,所以 $x_p(n)$ 可表示为

$$x_p(n) = x(n)p(n) = \sum_{k=-\infty}^{+\infty} x(n)\delta(n-kD) \qquad (6\text{-}3)$$

**例 6-1**  试对序列 $x(n)=2\sin(0.04\pi n), 0 \leqslant n \leqslant 80$ 进行 4 点的抽取，并绘制有关波形。

**解**  程序如下。

```
N=81;D=4;                                    % 序列长度和抽取因子
n=0:N-1;                                      % 采样点数
x=2*sin(0.04*pi*n);                           % 原始序列
xp=zeros(1,N);p=zeros(1,N);xd=zeros(1,N/3);   % 定义 0 序列
for i=1:N
    if mod(i,D)==0
        p(i)=1;                               % 单位脉冲串
        xp(i)=x(i);                           % 中间序列
        xd(i/D)=x(i);                         % 3 抽取序列
    end
end
subplot(2,2,1);stem(n,x,'k');hold on;
plot(n,x,'k--');xlabel('序号/n');ylabel('幅度');
axis([0 N-1 -2.1 2.5]);text(20,2.2,'原序列 x(n)');
subplot(2,2,2);stem(n,p,'k');
xlabel('序号/n');ylabel('幅度');
axis([0 N-1 -0.1 1.5]);text(20,1.2,'单位脉冲串 p(n)');
subplot(2,2,3);stem(n,xp,'k');
xlabel('序号/n');ylabel('幅度');
axis([0 N-1 -2.1 2.5]);text(20,2.2,'中间序列 xp(n)');
subplot(2,2,4);stem((0:N/3-1),xd,'k');hold on;
plot((0:N/3-1),xd,'k--');xlabel('序号/n');ylabel('幅度');
axis([0 20 -2.1 2.5]);text(5,2.2,'4 抽取序列 xd(n)');
```

程序运行结果如图 6-1 所示。

**例 6-2**  试计算信号 $x(t)=2\sin(4\pi t)$ 用采样频率 100 Hz 采样 0.8 s 和用采样频率 25 Hz 采样 0.8 s 的序列，并绘制有关波形。

**解**  采样频率为 100 Hz 的 0.8 s，序列点数为 $0.8/0.01=100$，采样频率为 25 Hz 的 0.8 s，序列点数为 $0.8/0.04=20$。程序如下。

```
Fs1=100;Fs2=25;                  % 采样频率
N1=80;N2= 20;                    % 采样点数
n1=0:N1-1;n2=0:N2-1;             % 采样点
x1=2*sin(4*pi*n1/Fs1);           % 第一个采样序列
x2=2*sin(4*pi*n2/Fs2);           % 第二个采样序列
figure;stem(n1/Fs1,x1,'k');hold on;
plot(n1/Fs1,x1,'k--');xlabel('时间/s');ylabel('幅度');
axis([0 0.8 -2.1 2.5]);text(0.25,2.3,'采样频率为 100Hz 的序列');
figure;stem(n2/Fs2,x2,'k');hold on;
```

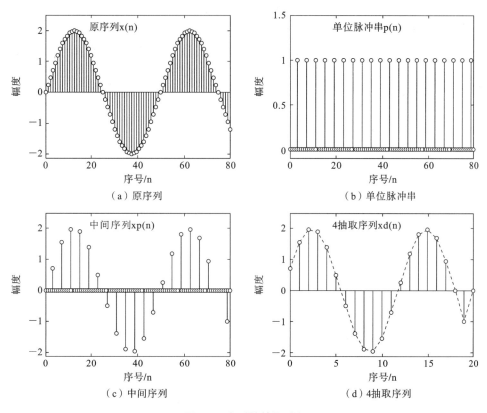

图 6-1 序列的抽取过程

```
plot(n2/Fs2,x2,'k--');xlabel('时间/s');ylabel('幅度');
axis([0 0.8 -2.1 2.5]);text(0.25,2.3,'采样频率为25Hz的序列');
```

程序运行结果如图 6-2 所示,显然,采样频率为 100 Hz 的序列与例 6-1 的原始序列一致,而采样频率为 25 Hz 的序列与例 6-1 的 4 抽取序列一致。因此,对序列的直接抽取相当于对模拟信号降低采样频率的采样。

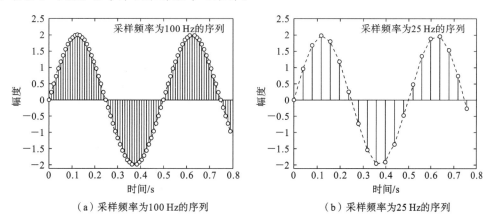

图 6-2 不同采样频率得到的序列

例 6-2 中序列抽取过程如下:(1) 将连续信号以采样频率 $f_s$ 进行采样,得到序列 $x(n)$;(2) 将 $x(n)$ 进行 D/A 转换得到对应的连续信号;(3) 对所得的连续信号再以采

样频率 $f_s/D$ 进行采样,得到抽取的序列 $x_D(n)$。采样必须满足奈奎斯特定理,在抽取时,如果采样频率低于奈奎斯特频率,就将出现混叠失真。因此,在抽取之前,一般要进行防混叠滤波处理。防混叠滤波器实质上就是低通滤波器,$D$ 抽取的防混叠滤波器的理想幅频响应为

$$|H_D(e^{j\omega})| = \begin{cases} 1, & |\omega| \leqslant \pi/D \\ 0, & \text{其他 } \omega \end{cases} \qquad (6\text{-}4)$$

这样,在原来采样的序列没有出现混叠的情况下,进行抗混叠滤波,再抽取的序列就不会出现混叠。

### 6.1.2 序列抽取的频谱

下面我们来讨论序列 $D$ 抽取后的频谱与原序列频谱的关系。

模拟信号以采样频率 $f_s$ 进行采样会导致其频谱的周期延拓,频谱表达式为

$$X(e^{j\omega}) = f_s \sum_{k=-\infty}^{+\infty} X_a(j\Omega - kj2\pi f_s) = f_s \sum_{k=-\infty}^{+\infty} X_a[j(\omega - 2\pi k)f_s] \qquad (6\text{-}5)$$

延拓的周期为 $2\pi f_s$。则采样频率为 $f_s/D$ 采样的频谱表达式为

$$X_d(e^{j\omega'}) = \frac{f_s}{D} \sum_{k=-\infty}^{+\infty} X_a\left(j\Omega - kj\frac{2\pi f_s}{D}\right) = \frac{f_s}{D} \sum_{k=-\infty}^{+\infty} X_a[j(\omega' - 2\pi k)f_s/D] \qquad (6\text{-}6)$$

延拓周期为 $2\pi f_s/D$。显然延拓周期减小为原来的 $1/D$,当周期小于信号频谱的宽度时,就将出现混叠失真。

**例 6-3** 试计算信号 $x(t) = 2\sin(20\pi t)$ 用采样频率 100 Hz 进行采样和用采样频率 25 Hz 进行采样得到的相同时长的序列的频谱。

**解** 程序如下。

```
Fs1=100;Fs2=25;                        % 采样频率
N1=200;N2=50;                          % 采样点数
n1=0:N1-1;n2=0:N2-1;                   % 采样点
x1=2*sin(20*pi*n1/Fs1);                % 第一个采样序列
x2=2*sin(20*pi*n2/Fs2);                % 第二个采样序列
y1=fft(x1);y1=fftshift(y1);            % 计算频谱并将 0 频率移到中间
y2=fft(x2);y2=fftshift(y2);            % 计算频谱并将 0 频率移到中间
figure;plot((-N1/2:N1/2-1)*2/N1,abs(y1),'k');
xlabel('频率/\pi');ylabel('幅度');
axis([-1 1 0 220]);text(-0.3,210,'采样频率为 100Hz 时的频谱');
figure;plot((-N2/2:N2/2-1)*2/N2,abs(y2),'k');
xlabel('频率/\pi');ylabel('幅度');
axis([-1 1 0 220]);text(-0.3,210,'采样频率为 25Hz 时的频谱');
```

程序运行结果如图 6-3 所示,可得出如下一些结论:(1)采样频率为 100 Hz 时,采样所得序列的频谱宽度为 $0.4\pi$,幅度为 200;(2)对于同一信号,采样频率为 25 Hz,即降低为原来的 1/4,所得序列的频谱宽度为 $1.6\pi$,幅度为 50;(3)采样频率降低为原来的 1/4,导致序列的频谱宽度由 $0.4\pi$ 增加到 $1.6\pi$,宽度增加了 4 倍。幅度由 200 减小为 50,即幅度降低为原来的 1/4;(4)两种采样频率采样所得序列的频谱均无混叠产生,采样频率为 100 Hz 时,$0.2\pi$ 所对应的模拟频率为 $0.2 \times 100$ Hz = 20 Hz,采样频率

为 25 Hz 时，$0.8\pi$ 所对应的模拟频率为 $0.8\times25$ Hz＝20 Hz。

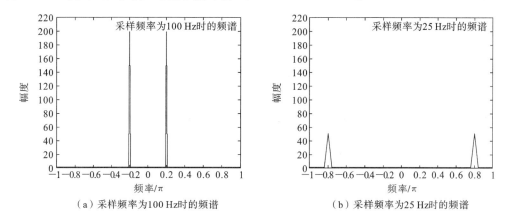

（a）采样频率为100 Hz时的频谱　　　（b）采样频率为25 Hz时的频谱

图 6-3　不同采样频率的频谱

因此，$D$ 抽取对频谱的影响为：频谱的宽度增加 $D$ 倍，频谱的幅度减小为原来的 $1/D$。

**例 6-4**　试计算序列 $x(n)＝2\sin(0.2\pi n)$，$0\leqslant n\leqslant199$ 进行 4 抽取和 8 抽取所得相同时长的序列的频谱。

**解**　读者可自行编写程序，这里不再给出。原序列的频谱与例 6-3 采样频率为 100 Hz 时的相同，运行结果如图 6-4 所示，图中给出了 4 抽取和 8 抽取序列的频谱。

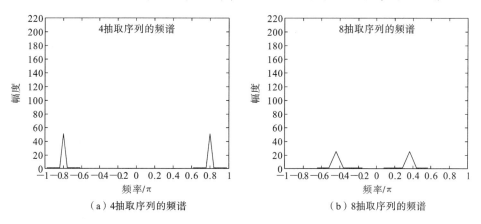

（a）4抽取序列的频谱　　　（b）8抽取序列的频谱

图 6-4　4 抽取和 8 抽取序列的频谱

4 抽取序列与例 6-3 采样频率为 25 Hz 时的结果一致，8 抽取的频谱幅度仅为 12.5 Hz，比 4 抽取的幅度降低了一半，只有原始序列频谱幅度的 1/8，与例 6-3 结论一致。但是 8 抽取时，频谱最大值出现在 $-0.44\pi$ 和 $0.36\pi$ 处，对照例 6-4，8 抽取的采样频率为 12.5 Hz，则最大值对应的模拟频率为 $|-0.44|\times12.5$ Hz＝5.5 Hz，$0.36\times12.5$ Hz ＝4.5 Hz，这显然不是信号的实际频率。下面来分析出现这两个最大值的原因。

根据采样频率和数字频率间的关系，信号频率为 20 Hz，其频谱最大值应该出现在 $\pm(20/12.5)\pi＝\pm1.6\pi$ 处，其绝对值大于 $\pi$，肯定会产生混叠。8 抽取的点数为 200/8 ＝25，则其数字频率分辨率为 $2\pi/25＝0.08\pi$，即最小数字频率间隔为 $0.08\pi$。$-0.44\pi$ 对应的实际频率为 $-0.4\pi$，$0.36\pi$ 对应的实际频率为 $0.4\pi$。采样后频谱以数字频率 $2\pi$ 为周期进行周期延拓，而 $2\pi-1.6\pi＝0.4\pi$，$-2\pi+1.6\pi＝-0.4\pi$。所以，在 8 抽取序列的频谱图中, $-0.44\pi$ 实际是上一周期的正频率部分, 而 $0.36\pi$ 实际上是下一周期的负频率部分, 这是由周期混叠造成的。

$D$ 抽取导致频谱的幅度减小为原来的 $1/D$, 频谱宽度增加 $D$ 倍, 当 $D$ 过大时, 可能导致出现频谱混叠现象。要避免混叠现象, 要么控制抽取因子 $D$ 不能太大, 要么就要进行抗混叠滤波处理。抗混叠滤波虽然可以避免出现混叠现象, 但是抽取后能够得到无失真的信号的最高频率还是遵循奈奎斯特采样定理。也就是说, 抗混叠滤波器是将那些能引起混叠的频率部分滤除掉, 从而避免了混叠失真。例如, 对一段频率范围为 10 kHz 以内的语音信号, 如果采用 2 抽取, 通过抗混叠滤波器滤除 5 kHz 以上的信号就不会出现混叠, 但能不失真恢复的信号的最高频率就只有 5 kHz 了。

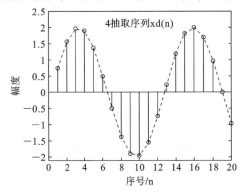

**图 6-5 例 6-1 调用 decimate( ) 函数的结果**

在 MATLAB 的 decimate( ) 函数用于实现序列的抽取, 例如例 6-1 的序列抽取可用如下语句实现。

```
xd=decimate(x,4);   % 4 抽取
```

抽取序列如图 6-5 所示, 与例 6-1 的结果完全相同。

序列的抽取通常用于压缩数据, 即在满足奈奎斯特采样频率的条件下, 在能够不失真地恢复信号的同时, 降低数据量。

## 6.2 序列的整数 $I$ 插值

序列的整数 $I$ 插值其实是序列的整数抽取的逆过程。

序列插值最简单的方法是在原序列的两个相邻点之间插入 $I-1$ 个值, 但是这 $I-1$ 个值并不是已知的。插值比抽取要复杂一些。

设序列 $x(n)$ 的采样频率为 $f_s$, 采样频率经 $I$ 倍提升后的信号, 即插值后的信号为 $x_I(n)$, 其采样频率为 $If_s$。

下面把 $I$ 插值过程分两步来完成:

(1) 在两个相邻的采样值之间, 插入 $I-1$ 个零值, 即零插值;

(2) 用一个低通滤波器进行平滑滤波插值。

零插值可表示为

$$x_e(n) = \begin{cases} x(n/I), & n = 0, \pm I, \pm 2I, \cdots \\ 0, & \text{其他} \end{cases} \tag{6-7}$$

零插值的频谱为

$$X_e(e^{j\omega'}) = X(e^{j\omega I}), \quad \omega' = \Omega/(If_s) \tag{6-8}$$

**例 6-5** 试对序列 $x(n) = 2\sin(0.2\pi n)$, $0 \leqslant n \leqslant 19$ 进行 4 零插值, 观察插值结果的频谱。

**解** 程序如下。

```
N=20;I=4;                        % 采样点数和插值因子
n=0:N-1;                         % 采样点数
x=2*sin(0.2*pi*n);               % 原始采样序列
xI=zeros(1,N*I);                 % 定义 0 序列
for i=1:N
        xI(i*I)=x(i);            % 4 零插值序列
end
y=fft(x);y=fftshift(y);          % 计算频谱并将 0 频率移到中间
y1=fft(xI);y1=fftshift(y1);      % 计算频谱并将 0 频率移到中间
subplot(2,2,1);stem(n,x,'k');
xlabel('序号/n');ylabel('幅度');
axis([-1 20-2.1 2.8]);text(7,2.4,'原序列');
subplot(2,2,2);plot((-N/2:N/2-1)*2/N,abs(y),'k');
xlabel('频率/\pi');ylabel('幅度');
axis([-1 1 0 25]);text(-0.5,22,'原序列的频谱');
subplot(2,2,3);stem(0:N*I-1,xI,'k');
xlabel('序号/n');ylabel('幅度');
axis([0 80-2.1 2.8]);text(20,2.4,'4零插值序列');
subplot(2,2,4);plot((-N*I/2:N*I/2-1)*2/(N*I),abs(y1),'k');
xlabel('频率/\pi');ylabel('幅度');
axis([-1 1 0 25]);text(-0.7,22,'4零插值序列的频谱');
```

程序运行结果如图 6-6 所示。

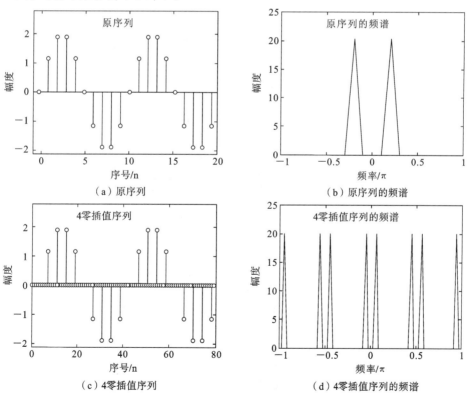

（a）原序列　　（b）原序列的频谱　（c）4零插值序列　（d）4零插值序列的频谱

**图 6-6　4 零插值序列及其频谱**

图 6-6 所示频谱的分析如下。

（1）原序列的频谱在 $\pm 0.2\pi$ 处出现峰值，对应于序列的数字频率，峰值的幅度为 20 Hz，序列的频谱宽度为 $0.4\pi$。

（2）4 零插值序列的频谱有 8 个峰值，峰值处对应的频率分别为 $\pm 0.95\pi$、$\pm 0.55\pi$、$\pm 0.45\pi$ 和 $\pm 0.05\pi$，峰值的幅度仍然为 20 Hz。将峰值对应的频率乘以 4，可得相应的频率点为 $\pm 3.8\pi$、$\pm 2.2\pi$、$\pm 1.8\pi$ 和 $\pm 0.2\pi$。显然 $\pm 0.2\pi$ 对应于原序列的数字频率；$\pm 2.2\pi$ 和 $\pm 1.8\pi$ 以 $\pm 2\pi$ 为中心，相隔 $\pm 0.2\pi$；$\pm 3.8\pi$ 以 $\pm 4\pi$ 为中心，相隔 $\pm 0.2\pi$。

所以，序列的整数 $I$ 零插值，将使原序列的频谱出现镜像现象，镜像的对称点为 $\pm 2\pi k/I$（$k$ 为整数），频谱的幅度值保持不变，宽度减小为原来的 $1/I$。如果要得到与原序列相同的频谱，就必须通过低通滤波器滤波。低通滤波器的幅度频率响应为

$$|H_I(\mathrm{e}^{\mathrm{j}\omega'})| = \begin{cases} I, & |\omega'| \leqslant \pi/I \\ 0, & 其他 \end{cases} \tag{6-9}$$

对于这种理想的滤波器在物理上是不可实现的，可以采用前面介绍的滤波器设计方法来设计。

**例 6-6**  试对例 6-5 中 4 零插值序列进行低通滤波，并绘制其波形和频谱。

**解**  下面在频域中直接去掉另外的 6 个频谱峰值，这相当于采用频率采样法设计的 FIR 数字滤波器的滤波。程序如下。

```
N=20;I=4;                          % 采样点数和插值因子
n=0:N-1;                           % 采样点数
x=2*sin(0.2*pi*n);                 % 原始采样序列
xe=zeros(1,N*I);                   % 定义 0 序列
for i=1:N
        xe(i*I)=x(i);              % 4 零插值序列
end
y=fft(x);y=fftshift(y);            % 计算原序列的频谱并将 0 频率移到中间
y1=fft(xe);                        % 计算 4 零插值序列的频谱
M=0.2*N*I;                         % 原频谱的宽度
H=[I*ones(1,M)zeros(1,N*I-2*M) I*ones(1,M)];
% 频率采样法构造滤波器的频率响应
xI=ifft(H.*y1);                    % 卷积定理计算滤波结果
yI=fftshift(H.*y1);                % 将 4 插值序列的频谱的 0 频率移到中间
subplot(2,2,1);stem(n,x,'k');
xlabel('序号/n');ylabel('幅度');
axis([-1 20-2.1 2.8]);text(7,2.4,'原序列');
subplot(2,2,2);plot((-N/2:N/2-1)*2/N,abs(y),'k');
xlabel('频率/\pi');ylabel('幅度');
axis([-1 1 0 25]);text(-0.5,22,'原序列的频谱');
subplot(2,2,3);stem(0:N*I-1,xI,'k');
xlabel('序号/n');ylabel('幅度');
axis([0 80-2.1 2.8]);text(25,2.4,'4 插值序列');
subplot(2,2,4);plot((-N*I/2:N*I/2-1)*2/(N*I),abs(yI),'k');
```

```
xlabel('频率/\pi');ylabel('幅度');
axis([-1 1 0 100]);text(-0.7,90,'4插值序列的频谱');
```

程序运行结果如图 6-7 所示。

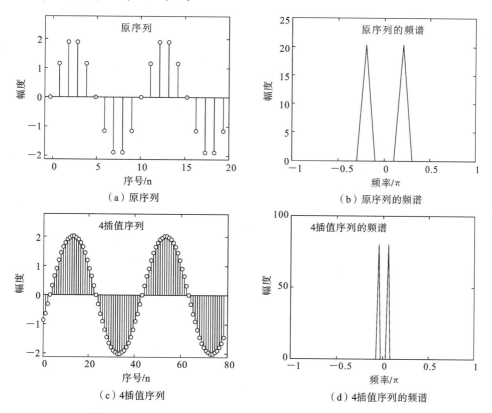

（a）原序列

（b）原序列的频谱

（c）4插值序列

（d）4插值序列的频谱

**图 6-7   4 插值序列及其频谱**

由图 6-7 可以得出如下结论。

（1）4 插值序列经过低通滤波器滤波后，时域波形具有与原序列相同的变化规律，所得插值序列的相邻点之间的值具有连续性。

（2）4 插值序列的频谱图仅有两个峰值，对应于 $\pm 0.05\pi$，频谱宽度为 $0.1\pi$，峰值为 80。

（3）和原序列的频谱相比较，4 插值序列频谱的宽度减小为原序列频谱宽度的 1/4，频谱的幅度值增大为原序列频谱值的 4 倍。

因此，图 6-7 表明，序列的整数 $I$ 插值的频谱宽度为原序列频谱宽度的 $1/I$，而频谱幅度增大为原序列频谱的 $I$ 倍。对比整数 $D$ 抽取，图 6-7 所示的既可以看成是原序列 4 插值得到新的序列，也可以看成是以 4 插值序列为原序列，而原序列为 4 抽取结果。所以，序列的抽取和插值是互逆的，即经过 $D$ 抽取再经过 $D$ 插值的序列与原序列相同，读者可结合有关例题的程序加以验证。

在 MATLAB 中，序列的插值可用 interp() 函数来实现，例 6-6 可由语句

```
xI=interp(x,I,5,0.2);          % 插值
```

来得到序列的插值，FIR 滤波器的长度为 $2\times 5\times I-1$。程序运行结果如图 6-8 所示，与图 6-7 所示的结果相同。

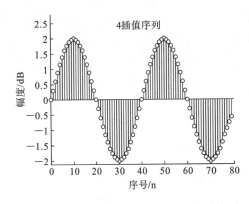

**图 6-8** 例 6-6 调用 interp( )函数的插值序列

序列的插值常用于提高数据的分辨率，如电话语音采样频率较低，为了提高语音质量，可以采用插值的方法。低采样频率的数据采用插值方法，这样能够提高数据的分辨率。要实现理想的插值，就要求有理想的低通滤波器，但是理想的低通滤波器在物理上是不可实现的，因此，采用实际滤波器插值的结果，总是存在一定的误差。但是，当滤波器性能指标较高时，这种失真较小，在不影响我们对数据使用的情况下，近似认为不存在失真。

## 6.3 序列的分数采样频率转换

前面介绍了序列采样频率降低到 $1/D$ 的整数抽取和采样频率增加 $I$ 倍的整数插值。本节讨论将采样频率变为原来的 $I/D$ 的一般情况，这可以通过先对序列进行 $D$ 抽取，然后再进行 $I$ 插值来得到，当然也可以相反，即先进行 $I$ 插值然后再进行 $D$ 抽取。一般是先插值，然后再抽取，这是因为先抽取再插值有可能导致混叠。

例如，序列 $x(n)$ 采样频率刚好等于或略高于 $2f_h$，则其频谱刚好不出现混叠失真。将采样频率转换为 $5f_s/3$，即 $D=3$，$I=5$，若先进行 3 倍的抽取，则带宽将增加 3 倍，显然这会出现混叠失真；若为了避免混叠失真而进行抗混叠滤波，则会丢失大量数据。若先进行 5 倍的插值，则带宽将缩小为原来的 $1/5$，然后再进行 3 倍抽取，这样频带宽度为原频带宽度的 $3/5$，因而不会出现混叠失真。因此，分数采样频率转换，最好是先插值，然后再抽取，在结构上是插值和抽取的级联。

由于插值要用低通滤波器来平滑滤波以实现插值，而抽取也要通过抗混叠低通滤波器来避免出现混叠失真现象，因此，可以将两者合并为一个低通滤波器，即

$$|H_{I/D}(e^{j\omega'})| = \begin{cases} I, & |\omega'| \leqslant \min(\pi/I, \pi/D) \\ 0, & 其他 \end{cases} \tag{6-10}$$

即截止频率取两个滤波器中的截止频率较小者，滤波器的幅度与插值滤波器的幅度一致，均为 $I$。式(6-10)的 $\omega'$ 为

$$\omega' = \frac{\Omega T}{I} = \frac{\Omega}{I f_s} = \frac{\omega}{I} \tag{6-11}$$

分数 $I/D$ 采样频率转换所得序列的频谱与原序列频谱的关系为

$$X_{I/D}(e^{j\omega''}) = \frac{1}{D} \sum_{k=0}^{D-1} H(e^{j\frac{\omega''-2\pi k}{D}}) X(e^{j\frac{\omega'' I - 2\pi k}{D}}) \tag{6-12}$$

其中：

$$\omega'' = \frac{\Omega D T}{I} = \frac{D\Omega}{I f_s} = \frac{D}{I}\omega \tag{6-13}$$

当实际滤波器的频率响应逼近于式(6-10)理想滤波器的频率特性时，可得到

$$X_{I/D}(e^{j\omega''}) \approx \begin{cases} \dfrac{I}{D}X(e^{j\frac{\omega''I}{D}}), & |\omega''| \leqslant \min\left(\dfrac{D}{I}\pi, \pi\right) \\ 0, & 其他 \end{cases} \quad (6\text{-}14)$$

抽取和插值过程,都可以被看成是一个输入序列通过一个系统以后的响应。可以证明,无论是抽取还是插值,该系统都为线性时变系统,因此不能用常系数差分方程或卷积的关系来描述这个系统。

**例 6-7** 试对序列 $x(n)=2\sin(0.2\pi n)$,$0 \leqslant n \leqslant 29$ 进行 5/3 的变采样频率处理,分别采用先插值再抽取和先抽取再插值的步骤进行处理,以比较频谱的异同。

**解** 程序如下。

```
N=30;I=5;D=3;                        % 采样点数和插值因子
n=0:N-1;                             % 采样点
x=2*sin(0.2*pi*n);                   % 原始采样序列
xI=interp(x,I,4,0.2);               % 先插值
xId=decimate(xI,D);                 % 再抽取
xd=decimate(x,D);                   % 先抽取
xId1=interp(xd,I,4,0.6);            % 再插值
y=fft(x);y=fftshift(y);            % 计算频谱并将 0 频率移到中间
y1=fft(xId);y1=fftshift(y1);       % 计算频谱并将 0 频率移到中间
y2=fft(xId1);y2=fftshift(y2);      % 计算频谱并将 0 频率移到中间
figure;stem(n,x,'k');hold on;plot(n,x,'k--');axis([0 30 -2.1 2.5]);
xlabel('序号/n');ylabel('幅度');text(14,2.2,'原序列');
figure;stem(0:49,xId,'k');hold on;plot(0:49,xId,'k--');axis([0 50 -2.1 2.5]);
xlabel('序号/n');ylabel('幅度');text(18,2.3,'先插值后抽取所得序列');
figure;stem(0:49,xId1,'k');hold on;plot(0:49,xId1,'k--');axis([0 50 -2.1 2.5]);
xlabel('序号/n');ylabel('幅度');text(18,2.3,'先抽取后插值所得序列');
figure;plot((-15:14)*2/N,abs(y),'k');
axis([-1 1 0 35]);xlabel('频率/\pi');ylabel('幅度');text(-0.15,32,'原序列的频谱
');
figure;plot((-25:24)*2/50,abs(y1),'k');
axis([-1 1 0 55]);xlabel('频率/\pi');ylabel('幅度');text(-0.4,52,'先插值后
抽取所得序列的频谱');
figure;plot((-25:24)*2/50,abs(y2),'k');
axis([-1 1 0 50]);xlabel('频率/\pi');ylabel('幅度');text(-0.4,47,'先抽取后
插值所得序列的频谱');
```

程序运行结果如图 6-9 所示。

由图 6-9 可以得出如下结论。

(1) 先插值后抽取所得序列与原序列一致,而先抽取后插值所得序列与原序列有差别,初始相位发生了变化,而且序列尾部出现了失真。

(2) 先插值后抽取序列的频谱在 $\pm 0.12\pi$ 处出现了最大值,乘以 5/3 后刚好为信号频率 $\pm 0.2\pi$,其幅度为 50 Hz,与原始序列频谱的幅度 30 Hz 相比,刚好是其 5/3。表明进行 5/3 采样频率转换后,频谱宽度为原频谱宽度的 3/5,而频谱幅度为原频谱的 5/3。

(3) 先抽取后插值序列的频谱在 $\pm 0.12\pi$ 处出现了最大值,乘以 5/3 后也刚好为信

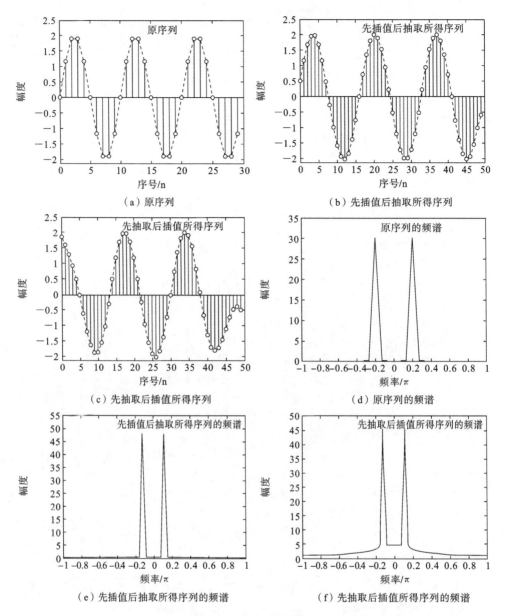

图 6-9  例 6-7 的结果

号频率±0.2π,其幅度为 45 Hz,与原始频谱幅度不满足 5/3 的倍数关系,而且频谱在 ±0.12π 之间不为 0,表明出现了失真现象。

因此,例 6-7 的结果表明,在分数采样频率转换时,应该先插值后抽取,可以有效地避免数据的丢失和混叠失真。在滤波器的性能逼近理想滤波器的情况下,$I/D$ 的分数采样频率转换后序列频谱的宽度为原序列频谱宽度的 $D/I$,而频谱幅度为原序列频谱幅度的 $I/D$。

在 MATLAB 中,resample() 函数可以实现两个正整数比的分数采样频率转换,例 6-7 可由如下语句来实现。

```
xid=resample(x,I,D);              % I/D 的分数采样频率转换
```

运行结果如图 6-10 所示,与图 6-9(c)所示的基本一致。

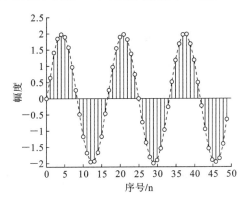

图 **6-10** 例 6-7 调用 resample( )函数的结果

上面我们讨论了整数抽取、整数插值和分数采样频率转换的时域、频域关系。多采样技术在数字信号处理中已得到广泛的应用。如利用抽取和插值设计窄带滤波器,可以减少滤波器的阶数,从而减少计算量。抽取、插值用于子带编码,这可大大提高数据传输效率。多采样技术常用于图像、语音数据的压缩,以及多道通信等领域。

# 7

# 数字信号处理的应用

随着计算机技术和信息科学的进步,数字信号处理技术也获得了飞速的发展。数字信号处理技术已广泛应用于科学研究和工程技术的各个领域,是新一代 IT 工程师必须掌握的信息处理技术。它在越来越多的应用领域中迅速替代传统的模拟信号处理技术,并且还开辟出许多新的应用领域。本章列举了数字信号处理的一些典型应用,以便读者了解数字信号处理的重要性和应用的广泛性。同时,做到融会贯通,对前述章节的理论有一个整体的认识,以形成一个有机的整体。

## 7.1 语音处理

语音处理是数字信号处理的一个很重要的应用领域,也是推动数字信号处理发展的重要力量,很多数字信号处理的理论和方法都是先应用于语音处理中,然后再逐渐发展和完善的。在用数字信号处理的方法来对语音进行处理时,首先要解决的就是语音信号的数字化问题,即语音信号的采样和量化。

人耳能够听到的声音频率范围为 20 Hz～20 kHz,按照采样定理,采样频率应该不低于 40 kHz。但是在语音中,对语音可懂度和语音特性有重要影响的信号频率一般在 5 kHz 以内,因此,实际对语音信号处理中,采样频率往往取 8 kHz 和 10 kHz,在对语音质量要求较高时,采样频率常常取 11.025 kHz、22.05 kHz、44.1 kHz。

量化的过程就是将采样后的样点数据用有限的二进制码表示的过程,量化必然会产生量化误差。语音信号在量化时,若采用 8 位二进制码进行量化,则信噪比在 40 dB 左右。语音波形的动态范围往往能达到 55 dB,因此量化位数应该在 10 位以上,实际语音信号常用 12 位二进制码来量化。

语音信号是随时间变化而变化的,是一个非平稳的随机过程,即具有时变特性,不能直接采用数字信号处理的方法来进行处理。但是语音信号在较短的时间范围内可以看成是特性保持不变的,即具有短时平稳性。因此在语音处理中,"短时分析"贯穿始终。所谓短时分析,就是将语音分成一段一段的,然后对每一段语音进行分析,分段的过程其实就是第 4 章介绍的加窗处理过程,每一段语音称为一帧。语音通常为 10～30 ms 时保持相对平稳,所以语音帧时长一般取 10～30 ms。如采样频率为 8 kHz 时,语音帧长度为 80～240 个采样点。

语音信号从语音形成的机理上来看,可以分为两大类。一类是发声时声带周期性地开启和闭合,在声门处产生一个准周期的脉冲序列空气流,这种语音称为浊音。还有一类是在发声时,声门是开启的,气流在声道中摩擦或在口唇的爆破中而发生,这类语音称为清音。显然,浊音具有周期性,这个周期称为基音周期,而清音不具有周期性。气流通过声道时,在声道中会产生共振,共振谐振频率称为共振峰。基音周期的检测和共振峰频率的确定在语音信号处理应用中具有十分重要的作用。

### 7.1.1　语音基音周期的检测

语音基音周期反映语音音调的高低,也能反映一个人说话的一些特性。所以,语音基音周期的检测,在语音处理中具有重要意义。由于语音是声门激励信号和声道共同作用的结果,对语音基音周期的检测往往会受到共振峰的影响,所以对语音基音周期的检测并不是一件容易的事情。检测周期的方法很多,在第 2 章,我们介绍了周期序列的自相关所具有的特点:一个周期序列的自相关具有相同的周期性,除了 0 处外,与 0 位置最近的极大值所对应的时间即为该序列的周期。因此,可以采用自相关的方法来检测语音基音周期。

下面对发浊音"啊"和发清音"丝"的两段语音信号来进行处理,两段语音的采样频率均为 8 kHz,语音长度为 200 点,在短时处理的要求范围之内,这两段语音是从较长的语音中直接截断来得到的,相当于加矩形窗函数处理的结果。根据第 5 章的分析,矩形窗函数存在吉布斯效应,并不是很好的窗函数,一般在对语音处理时,常采用加汉明窗函数来分帧。本章的主要目的在于讲解利用自相关检测周期的方法,所以采用了简单的矩形窗函数分帧。

图 7-1 所示的为两段语音的时域波形。图 7-1(a)所示的为发浊音"啊"时的时域波形,从波形可以看出,该语音具有明显的周期性,周期为 44 个采样点,由于语音采样频率为 8 kHz,所以该语音基音周期为 $44/8000 \text{ s} = 0.0055 \text{ s}$,即基音频率为 181.8 Hz。图 7-1(b)所示的为发清音"丝"时的时域波形,从波形可以看出,该语音不具有周期性,类似于随机噪声的特性。所以,对语音基音周期的检测,都是针对浊音的,而清音是不能从中检测出基音周期的。

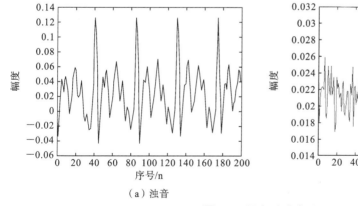
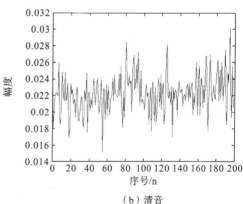

（a）浊音　　　　　　　　　　　　　（b）清音

**图 7-1　语音时域波形**

对于一段实际的语音,我们并不知道哪一段是浊音,哪一段是清音,因此在对实际的语音基音周期检测之前,往往需要判断语音帧是浊音还是清音。判断方法有很多,如短时能量、短时平均幅度等。这些判断方法在本书中不进行详细的介绍,读者可参看有关语音处理的参考书。本文是在已经知道了浊音和清音后,采用自相关处理的方法来检测语音基音周期的步骤。

下面分别对图 7-1(a)所示的浊音和图 7-1(b)所示的清音进行傅里叶变换,观察两个语音的频谱,如图 7-2 所示。在对语音信号处理中,傅里叶变换也是对语音的每帧进行傅里叶变换,称为短时傅里叶变换。

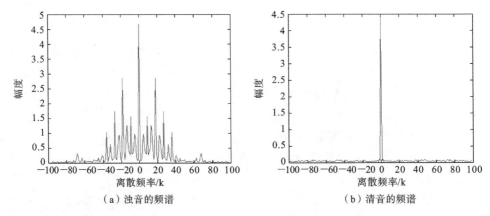

（a）浊音的频谱　　　　　　　　　　（b）清音的频谱

**图 7-2　语音的频谱**

从图 7-2(a)可以看出,浊音语音信号包含了离散频率为 5、9、13、18、23、27、32、36 及 68 的谱线,也就表明该浊音包含了这些频率的正弦周期信号。语音采样频率为 8 kHz,离散傅里叶变换的点数即数据长度为 200,根据第 4 章离散频率与模拟频率的关系可知,第 $k$ 个点对应的模拟频率为 $k \times 8000/200 = 40k$。因此,在浊音的频谱中,第一个谱线,即 $k=5$ 对应的频率为 200 Hz。这与在时域中观察结果不一致,原因是傅里叶变换的点数 200 太少,导致其频率分辨率为 40 Hz,也就是两个点之间的最小间隔为 40 Hz,显然频率分辨率太低。要提高频率分辨率,就必须增加傅里叶变换的点数,当频率点数增加为原来的 10 倍时,其频率分辨率为 4 Hz,如要进一步提高频率分辨率,就要进一步增加傅里叶变换的点数,读者可自行编程证明。

图 7-1(b)所示清音的频谱表明,该清音除了有较大的直流分量(对应 $k=0$ 处的谱线)外,再也没有明显的、幅度较大的谱线,类似于随机噪声的频谱。

图 7-1(a)所示的浊音和图 7-1(b)所示的清音的自相关波形如图 7-3 所示。关于相关运算,读者可参看第 2 章的内容。显示语音的时域波形、对语音进行傅里叶变换及计算自相关的程序如下。

```
[x,Fs]=wavread('a.wav');
% 读取语音数据,语音文件已存放在 MATLAB 的 work 文件夹中
y=fft(x);y=fftshift(y);        % 进行快速傅里叶变换,并将 0 频率移到中心
r=xcorr(x,'unbiased');        % 计算自相关,并进行平均处理
plot(0:length(x)-1,x,'k');    % 显示语音的时域波形
xlabel('序号/n');ylabel('幅度');
figure;plot(-100:99,abs(y),'k'); % 显示语音的频谱
xlabel('离散频率/k');ylabel('幅度');
figure;plot(-199:199,r,'k');   % 显示语音的自相关波形
axis([-200 200 0 0.002]);
```

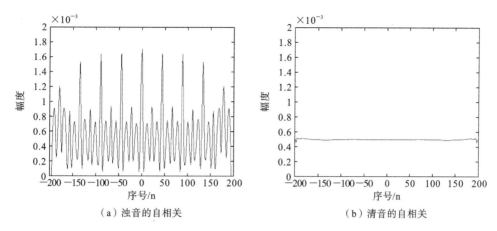

（a）浊音的自相关　　　　　　　　　（b）清音的自相关

**图 7-3　语音的自相关波形**

```
xlabel('序号/n');ylabel('幅度');
```

在调用 xcorr()函数时进行了平均处理，即添加了控制符"unbiased"，即

```
r= xcorr(x,'unbiased');
```

图 7-3 表明，浊音的自相关具有周期性，而清音的自相关近似为幅度很小的直流。从图 7-3(a)可以看出，该语音的自相关最大值出现在 $n=0$ 处，由第 2 章讨论可知，$n=0$时的自相关为该序列的能量。而除了 $n=0$ 后的第一个极大值出现在 $n=\pm 44$ 处，这个间隔就是语音基音周期，与时域观察结果完全相同。

显然，对语音进行自相关处理，不仅能较精确地估计出语音基音周期，而且也能够用于检测语音帧是浊音帧还是清音帧，这在语音处理中具有重要意义。

### 7.1.2　语音的倒谱和复倒谱分析

语音的形成可以看成是声门激励信号通过声道综合系统的响应，即语音是声门激励信号与声道特性的卷积。而基于倒谱和复倒谱的同态处理技术，可以将两个卷积的序列分开，也能将声门激励信号和声道特性分开，声门激励信号中具有基音的周期性，声道特性反映了共振峰的特性，这对语音的识别、语音合成、说话人识别都有重要意义。

所谓复倒谱，是对序列 $x(n)$ 的傅里叶变换 $X(e^{j\omega})$ 取对数，即

$$\hat{X}(e^{j\omega})=\ln[X(e^{j\omega})] \tag{7-1}$$

然后再进行傅里叶反变换，所得序列 $\hat{x}(n)$ 即为序列 $x(n)$ 的复倒谱。显然，若将 $X(e^{j\omega})$表示成幅度和相位的形式，则有

$$\hat{X}(e^{j\omega})=\ln|X(e^{j\omega})|+j\arg[X(e^{j\omega})] \tag{7-2}$$

即包含了实部和虚部，实部为对数幅度谱，虚部为相位。注意，复倒谱只是为了和下面要介绍的倒谱概念相区别，并不意味着它必为复数，当序列 $x(n)$ 为实序列时，其复倒谱也为实数。

所谓倒谱，是对序列 $x(n)$ 的傅里叶变换 $X(e^{j\omega})$ 的幅度取对数，即

$$\hat{X}(e^{j\omega})=\ln|X(e^{j\omega})| \tag{7-3}$$

然后再进行傅里叶反变换，所得序列 $c_x(n)$ 即为序列 $x(n)$ 的倒谱。显然由式(7-2)和式

(7-3)可知,倒谱的傅里叶变换是复倒谱傅里叶变换的实部,根据傅里叶变换的对称性可知,倒谱其实就是复倒谱的共轭对称部分,即

$$c_x(n) = \frac{1}{2}\left[\hat{x}(n) + \hat{x}^*(-n)\right] \tag{7-4}$$

有了倒谱和复倒谱的概念,若有一个序列 $x(n)$ 为两个序列 $x_1(n)$ 和 $x_2(n)$ 的卷积,即

$$x(n) = x_1(n) * x_2(n)$$

则其复倒谱 $\hat{x}(n)$ 和倒谱 $c_x(n)$ 分别为

$$\hat{x}(n) = \hat{x}_1(n) + \hat{x}_2(n), \quad c(n) = c_1(n) + c_2(n) \tag{7-5}$$

也就是将两序列的卷积运算变成了加法运算,即满足了广义的叠加原理,满足广义叠加原理的系统就称为同态系统。

复倒谱包含原序列傅里叶变换的幅度和相位信息,因此,复倒谱是可逆的,也就是一个序列可由它的复倒谱恢复出来(将复倒谱的傅里叶变换取指数运算),即

$$X(e^{j\omega}) = e\left[\hat{X}(e^{j\omega})\right] \tag{7-6}$$

再进行傅里叶反变换即可恢复原序列 $x(n)$。而倒谱仅包含幅度谱信息,丢失了相位信息,所以它是不可逆的。

上述定义采用的还是序列的傅里叶变换,但在实际应用中,采用的还是离散傅里叶变换及其快速算法来计算倒谱和复倒谱。

下面仍然以前述的两段语音为处理对象,来进行倒谱和复倒谱的分析。在 MATLAB 中,调用 cceps()函数和 rceps()函数来计算语音的复倒谱和倒谱,程序如下。

```
[x,Fs]=wavread('a.wav');
% 读取语音数据,语音文件已存放在 MATLAB 的 work 文件夹中
xn=cceps(x);xn=fftshift(xn);    % 计算复倒谱,并将 0 移到中心位置
figure;plot(-100:99,xn,'k');    % 显示语音的复倒谱
xlabel('序号/n');ylabel('幅度');axis([-100 100-3 3]);
text(-20,2.2,'浊音的复倒谱');
cn=rceps(x);cn=fftshift(cn);    % 计算倒谱,并将 0 移到中心位置
figure;plot(-100:99,cn,'k');    % 显示语音的倒谱
xlabel('序号/n');ylabel('幅度');axis([-100 100-3 1.5]);
text(-20,1.1,'浊音的倒谱');
```

清音的复倒谱和倒谱程序与浊音的类似,在此省略相关程序。

浊音和清音的复倒谱和倒谱如图 7-4 所示。

由图 7-4 可知,浊音的倒谱在 $\pm 44$ 处也有峰值,对应于浊音的基音频率,在复倒谱中,这个峰值在 $-44$ 处比较明显,但在 $+44$ 处不是很明显。清音的倒谱和复倒谱没有对应的峰值存在。

下面采用同态分析技术,对浊音的复倒谱采用 $N$ 为 40 的频率不变线性滤波器进行滤波,以得到声门激励信号和声道系统的单位脉冲响应。在一个简单的信号模型中,复倒谱的低时部分对应于声道特性的单位脉冲响应,高时部分对应于声门周期性激励信号及其谐波。由频率不变线性低通滤波器得到的是声道特性,由频率不变线性高通滤波得到的是声门激励信号。程序如下。

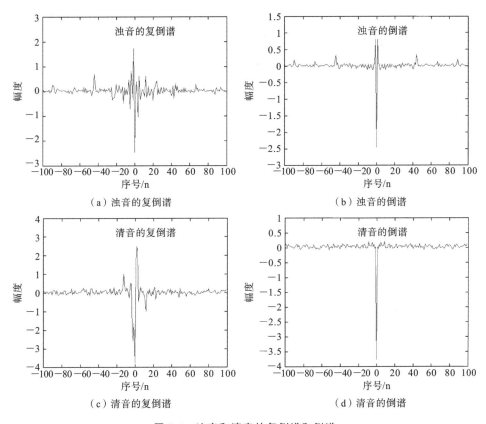

图 7-4 浊音和清音的复倒谱和倒谱

```
[x,Fs]=wavread('a.wav');
% 读取语音数据,语音文件已存放在 MATLAB 的 work 文件夹中
x=x';                       % 注意语音数据是列向量
xn=cceps(x);                % 对语音进行复倒谱分析
hn1=[xn(1:40) zeros(1,120) xn(161:200)];
% 以 N 为 40 对复倒谱进行频率不变线性低通滤波
xn1=[zeros(1,40) xn(41:160) zeros(1,40)];
% 以 N 为 40 对复倒谱进行频率不变线性高通滤波
Hk1=fft(hn1);Xk1=fft(xn1);   % 进行傅里叶变换
Hk2=exp(Hk1);Xk2=exp(Xk1);   % 取指数运算
Hk2=fftshift(Hk2);Xk2=fftshift(Xk2);
figure;plot(-100:99,abs(Xk2),'k');xlabel('离散频率/k');ylabel('幅度');
axis([-100 100 0 17]);text(-60,16,'由复倒谱恢复的声门激励信号的频谱');
figure;plot(-100:99,(abs(Hk2)),'k');xlabel('离散频率/k');ylabel('幅度');
axis([-100 100 0 1]);text(-50,0.92,'由复倒谱恢复的声道特性的频谱');
```

程序运行结果如图 7-5 所示。在恢复的声门激励信号频谱中有离散频率为 4、9、14、18、22 等的谱线,与分析语音频谱一样,离散频率为 4 时对应的模拟频率为 160 Hz,其他的谱线是基音的谐波成分。当然,由于离散傅里叶变换点数太小,导致频率分辨率太低,估计出的频率精度不高。

在恢复的声道特性的频率特性中,有离散频率为 14、27、32、68 和 90 的谱线,离散频率对应的模拟频率为 14×40 Hz=560 Hz,其他的谱线对应的模拟频率为 1080 Hz、

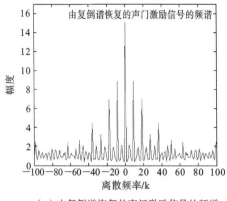
（a）由复倒谱恢复的声门激励信号的频谱

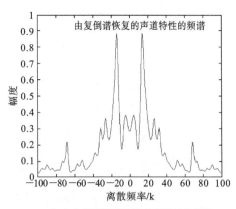
（b）由复倒谱恢复的声道特性的频谱

图 7-5　浊音的复倒谱恢复的声门激励和声道特性的频谱

1280 Hz、2720 Hz 和 3600 Hz，这是声道的共振峰频率。声道的共振峰频率有多个，分别称为第一共振峰、第二共振峰等，在实际应用中，头三个共振峰最重要。本例采用的语音是由一成年男性发出的语音，成年男性的第一共振峰频率范围为 200～800 Hz，第二共振峰的为 600～2800 Hz，第三共振峰的为 1200～3400 Hz。显然可以得出，该语音的第一、第二、第三共振峰频率分别为 560 Hz、1080 Hz 和 2720 Hz。

同一个人的声道特性并不是一成不变的，在讲述不同内容时，其声道特性也会有所不同。声道特性与声道长度和声道横截面积有关，共振峰频率之间的间隔也不是固定的。在语音处理中，还有一个很有效的处理方法就是线性预测，线性预测系数能够较好地反映声道的特性。

## 7.2　图像处理

数字信号处理的另一个重要应用领域就是图像处理，图像处理的很多处理方法都是数字信号处理的推广。因为图像是二维的，因此，图像处理的方法是要将一维处理变为二维处理。本节将介绍图像处理的两个基本方面，即图像增强和图像边缘检测的基本方法，并介绍模糊图像的复原处理，这些方法将用到信号处理的有关内容。

### 7.2.1　图像的增强处理

图像增强技术是图像处理的一大类基本处理技术，其目的是对图像进行加工，以得到对具体应用来说"更有用"的图像。什么样的图像更有用，取决于不同的应用领域。只要能对后续处理有帮助的图像处理，都可以看成是图像增强处理。因此，图像增强处理涉及的内容极为广泛，也有很多的处理方法。目前常用的图像增强处理根据其处理的空间不同，可分为基于空域的图像增强处理和基于变换域的图像增强处理等两类。基于空域的图像增强处理是直接对图像中的像素进行相应的运算处理，而基于变换域的图像增强处理是先对图像进行变换，然后再进行相应处理。本小节介绍对一幅受噪声干扰的图像，分别在空域和变换域中滤除噪声的增强处理方法。

下面以受到密度为 0.05 的椒盐噪声干扰的 512×512 像素的 Lena 图像（如图 7-6 所示）为例，来说明图像增强的基本方法。受噪声干扰的程序如下。

```
image1=imread('Lena.bmp');                          % 读取 Lena 图像
figure;imshow(image1); title('orignal image');     % 显示原始图像
image2=imnoise(image1,'salt & pepper',0.05);        % 加密度为 0.05 的椒盐噪声
figure;imshow(image2);title('lenanoised image');   % 显示噪声干扰图像
imwrite(image2,gray(256),'Lenanoised.bmp');
% 将受噪声干扰图像保存为 Lenanoised.bmp
```

**1. 基于空域的图像增强处理**

基于空域的图像增强处理,是在图像域中,直接对像素点的值进行计算,以得到新的图像的处理方法。第 2 章介绍了一个平滑滤波器,在第 3 章对这种平滑滤波器的频率响应进行了分析,平滑滤波器实质就是低通滤波器。在图像处理中,也可以采用这种平滑滤波器来滤波,只不过这种平滑滤波器是二维的,在图像处理中这种处理也称为均值滤波。如对每个像素点及其周围的 $M \times N$ 像素点的值相加然后再取平均值($M$、$N$ 一般取奇数),即

$$f(x,y) = \frac{1}{M \times N} \sum_{i=-\frac{M-1}{2}}^{\frac{M-1}{2}} \sum_{j=-\frac{N-1}{2}}^{\frac{N-1}{2}} f(x+i,y+j) \tag{7-7}$$

式(7-7)实现了均值滤波。一般取 $M = N = 3$,称为 $3 \times 3$ 模板,当然也可以有其他的各种取值组合形式。显然,在采用 $3 \times 3$ 均值滤波时,图像四周的像素点外由于没有相对应的像素点可以操作,故不能对四周的像素点进行均值滤波处理。

下面以 $3 \times 3$ 模板对图 7-6(b)所示图像进行增强处理,程序如下。

```
image1=imread('Lenanoised.bmp');          % 读取受噪声干扰的 Lena 图像
image1=double(image1);                     % 转换图像数据格式
[row col]=size(image1);                    % 获得图像的行、列大小
for x=2:row-1
    for y=2:col-1
        image2(x,y)=0;                     % 初始值为 0
        for i=-1:1
            for j=-1:1
```

(a) 原始Lena图像

(b) 受噪声干扰的Lena图像

**图 7-6  原始 Lena 图像和受噪声干扰的 Lena 图像**

```
            image2(x,y)=image1(x-i,y-j)+image2(x,y);
                                              % 3×3 模板累加
              end
          end
          image2(x,y)=image2(x,y)/9;          % 3×3 模板的平均
        end
    end
    imwrite(image2,gray(256),'LenaMean.bmp');   % 保存图像
    figure;imshow(image2,[]); title(' LenaMean image');  % 显示滤波后图像
```

程序运行结果如图 7-7 所示。图 7-7 所示的结果表明,采用 3×3 均值滤波后,噪声的影响减弱了,但是图像也变得比较模糊了。因为平均处理要损失高频信息,图像中的高频信息在图像中就是图像的细节。因此,在减弱噪声影响的同时,必然会导致图像细节信息的损失,即图像变模糊。采用的模板越小,图像模糊程度就会越弱,但是噪声减弱程度也会下降;采用的模板越大,噪声滤除就越干净,但是,图像模糊程度就越严重。

在图像的空域增强滤波中,常常采用非线性的中值滤波来处理,即不是对模板内的图像像素值的平均,而是找出模板内的图像像素值的中间值作为处理结果。下面仍然以 3×3 模板进行中值滤波,程序如下。

```
image1=imread('Lenanoised.bmp');        % 读取 Lenanoised 图像
image1=double(image1);                  % 转换图像数据格式
[row col]=size(image1);                 % 获得图像的行、列大小
for x=2:row-1
    for y=2:col-1
        image2(x,y)=median([image1(x-1,y-1) image1(x-1,y) image1(x-1,y+1) im-
        age1(x,y-1) image1(x,y) image1(x,y+1) image1(x+1,y-1) image1(x+1,y) im-
        age1(x+1,y+1)]);                % 3×3 模板的中值滤波
    end
end
imwrite(image2,gray(256),'LenaMedian.bmp');% 保存图像
figure;imshow(image2,[]); title(' LenaMedian image'); % 显示滤波后图像
```

程序运行结果如图 7-8 所示。

**图 7-7　采用 3×3 均值滤波的结果**

**图 7-8　采用中值滤波的结果**

对比图 7-7 所示的均值滤波结果,显然采用中值滤波的结果是噪声滤除更干净,而同时对图像造成的模糊影响却很小,中值滤波在滤除椒盐噪声时性能优于均值滤波。对比图 7-8 所示的中值滤波图像和图 7-6 所示的原始图像,在视觉上看不出有什么差别。

为了衡量两幅图像之间的差异,人们往往采用一些定量的描述方法,如平均绝对误差法、均方误差法、信噪比法、峰值信噪比法、归一化互相关法等,其中最常用的就是定义的峰值信噪比(PSNR),即

$$D_{\text{PSNR}} = \frac{NM \max\limits_{x,y} \left[ f(x,y) \right]^2}{\sum\limits_{x=0}^{N-1} \sum\limits_{y=0}^{M-1} \left[ g(x,y) - f(x,y) \right]^2} \tag{7-8}$$

式(7-8)用于计算两幅大小均为 $M \times N$ 的图像 $f(x,y)$ 和 $g(x,y)$ 的峰值信噪比。两幅图像的峰值信噪比越大,就说明两幅图像越相似。在实际应用中,峰值信噪比往往用衰减大小来表示。

下面,计算采用均值滤波的图像与原始图像的峰值信噪比,程序如下。

```
image1=imread('Lena.bmp');                    % 读取原始图像
image1=double(image1);                         % 转换数据格式
image2=imread('LenaMean.bmp');                 % 读取均值滤波后的图像
image2=double(image2);                         % 转换数据格式
[row,col]=size(image2);                        % 获得图像的大小
d=0;                                           % 初始值为 0
for i=1:row
    for j=1:col
        d=d+(image1(i,j)-image2(i,j))^2 ;      % 计算平方差
    end
end
dPSNR=10*log10(255*255*row*col/d);             % 峰值信噪比
disp('峰值信噪比为:');disp(dPSNR);              % 显示峰值信噪比的值
```

程序运行结果如下。

峰值信噪比为:25.1815

将上述程序中的图像 LenaMean. bmp 换成 LenaMedian. bmp 就可得到中值滤波后的图像与原始图像的峰值信噪比,程序运行结果如下。

峰值信噪比为:29.0459

显然,中值滤波结果比均值滤波结果与原始图像的峰值信噪比高了 3.86 dB,与原始图像的差别较小。为了在滤除噪声的同时,进一步减弱对图像造成的模糊,人们提出了很多的改进方法,如加权中值滤波法、阈值中值滤波法等。

**2. 基于变换域的图像增强处理**

基于空域的图像增强处理是直接对图像的像素值进行处理的,类似于一维信号的时域处理。如果对图像进行变换,对变换后的数据再进行处理,处理完了再进行反变换,也就是增强处理是在变换域中进行的,这种处理称为基于变换域的图像增强处理。

对图像进行二维离散傅里叶变换和二维离散余弦变换后,图像的能量主要集中在低频部分,而高频部分的能量很小。在能量集中程度方面,离散余弦变换优于离散傅里叶变换。在图像处理中,除了傅里叶变换和离散余弦变换外,还有很多的变换形式,如小波变换、沃尔什-哈达玛变换、拉东(Radon)变换等。

噪声主要表现为高频信息,因此,在变换域中,可以采用低通滤波来滤除噪声。由于离散余弦变换的能量集中度高于傅里叶变换的能量集中度,虽然离散余弦变换的结果没有明确的物理意义,我们仍然在离散余弦变换域中来进行增强处理。

下面对受噪声干扰的 Lena 图像进行二维离散余弦变换,将变换后序号大于 100 的值变为 0,即相当于对一个滤波器进行滤波。程序如下。

```matlab
image1=imread('Lenanoised.bmp');          % 读取受噪声干扰的 Lena 图像
image1=double(image1);                     % 转换图像数据格式
[row col]=size(image1);                    % 获得图像的行、列大小
temp=dct2(image1);                         % 进行二维离散余弦变换
for x=1:row
    for y=1:col
        if x>100||y>100
            temp(x,y)=0;
            % 将序号大于 100 的值滤除,使其为 0,相当于加了矩形窗
        end
    end
end
image2=idct2(temp);                        % 进行二维离散余弦反变换
imwrite(image2,gray(256),'LenaDCT.bmp');   % 保存图像
figure;imshow(image2,[]);                  % 显示滤波后图像
```

程序运行结果如图 7-9 所示,如果将序号大于 50 的值滤除,结果如图 7-10 所示。

图 7-9　滤除 100 以上的值的增强结果

图 7-10　滤除 50 以上的值的增强结果

由图 7-9 和图 7-10 可知,基于变换域的图像增强处理类似于基于空域的图像增强处理,若要使噪声滤除较干净,则会对图像造成较大的模糊影响;若要使图像较清晰,则会降低噪声的滤除程度。滤除序号大于 100 的值时,图像较清晰,但是噪声影响仍然较

大;滤除序号大于 50 的值时,噪声的影响明显减小,但图像也变得模糊。

图 7-9 所示的图像和图 7-10 所示的图像与原始图像的峰值信噪比分别为 26.7565 dB 和 24.3907 dB,无论从视觉效果上还是从峰值信噪比的大小上来看,这种基于变换域的图像增强处理的效果不如中值滤波处理的效果。

上述图像增强处理,均是滤除噪声,所以无论是在空域中还是变换域中,均采用低通滤波的处理方式,以尽可能多地滤除噪声的同时,保留尽可能多的图像细节信息。在这种应用中,非线性的中值滤波具有较大的优势。

### 7.2.2　图像的边缘检测

有时,我们希望突出图像的边缘细节部分,而减弱图像的背景信息。图像的边缘主要表现为突然变化的部分,即高频信息,因此,这种情景要采用高通滤波特性来进行处理。这种处理的典型应用就是图像的边缘检测。

图像的边缘检测既可以在空域中进行,也可以在变换域中进行。在空域中采用第 2 章介绍的差分运算可以实现边缘检测,在变换域中采用高通滤波可以实现边缘检测。

#### 1. 基于空域的边缘检测

一维信号的差分运算等效于连续信号的微分运算,差分运算其实是滤除相邻值之间的均值,而保留相邻值之间的差异,因此,等效于高通滤波。一维信号的差分有前向差分和后向差分,有一阶差分和多阶差分。在二维图像处理中,根据相邻像素的取值不同,也有多种边缘检测方法,典型的有罗伯茨(Roberts)交叉算子、普雷维特(Prewitt)纵向算子、普雷维特横向算子、索贝尔(Sobel)纵向算子、索贝尔横向算子和拉普拉斯(Laplace)算子等,如图 7-11 所示。这些算子的区别在于参与差分运算时相邻像素点的位置不同及一阶差分和二阶差分的区别。

图 7-11 表明,罗伯茨交叉算子是一阶差分的算子,而普雷维特纵向算子、普雷维特横向算子、索贝尔纵向算子和索贝尔横向算子都是二阶差分的算子。注意图像的坐标原点在左上角。图像的边缘检测,还存在差分结果如何组合的问题,这可以将横向和纵向差分结果取绝对值相加,即模 1 距离,也可以将横向和纵向差分取平方相加后再开根号,即模 2 距离来处理。为了计算简单,我们采用绝对值相加来表示最终结果。

下面以 Lena 图像作为处理对象,分别采用罗伯茨交叉算子、普雷维特纵向算子、普雷维特横向算子、索贝尔纵向算子和索贝尔横向算子来检测其边缘,同样,无法处理图像四周的像素。用罗伯茨交叉算子检测边缘的程序如下。

```
image1=imread('Lena.bmp');          % 读取原始图像
image1=mat2gray(image1);            % 实现图像的归一化
image2=image1;                      % 为保留图像的一个边缘像素
[row,col]=size(image1);             % 获得图像的大小
RobertsNum=0;                       % 罗伯茨交叉算子初始值
RobertsTh=0.2;                      % 设定阈值
for x=2:row-1
    for y=2:col-1
        RobertsNum=abs(image1(x,y)-image1(x+1,y+1))+abs(image1(x,y+1)-
```

| 0 | 0 | 0 |
|---|---|---|
| 0 | $f(x,y)$ | $-f(x+1,y)$ |
| 0 | $f(x,y+1)$ | $-f(x+1,y+1)$ |

（a）罗伯茨交叉算子

| $-f(x-1,y-1)$ | $-f(x,y-1)$ | $-f(x+1,y-1)$ |
|---|---|---|
| 0 | 0 | 0 |
| $f(x-1,y+1)$ | $f(x,y+1)$ | $f(x+1,y+1)$ |

（b）普雷维特纵向算子

| $-f(x-1,y+1)$ | 0 | $f(x+1,y-1)$ |
|---|---|---|
| $-f(x-1,y)$ | 0 | $f(x+1,y)$ |
| $-f(x-1,y+1)$ | 0 | $f(x+1,y+1)$ |

（c）普雷维特横向算子

| $-f(x-1,y-1)$ | $-2f(x,y-1)$ | $-f(x+1,y-1)$ |
|---|---|---|
| 0 | 0 | 0 |
| $f(x-1,y+1)$ | $2f(x,y+1)$ | $f(x+1,y+1)$ |

（d）索贝尔纵向算子

| $-f(x-1,y-1)$ | 0 | $f(x+1,y-1)$ |
|---|---|---|
| $-2f(x-1,y)$ | 0 | $2f(x+1,y)$ |
| $-f(x-1,y+1)$ | 0 | $f(x+1,y+1)$ |

（e）索贝尔横向算子

图 7-11　罗伯茨交叉算子、普雷维特纵向算子、普雷维特横向算子、
索贝尔纵向算子和索贝尔横向算子示意图

```
      image1(x+1,y));
                                               % 罗伯茨交叉算子
        if(RobertsNum>RobertsTh)
            image2(x,y)=1;
        else
            image2(x,y)=0;
        end
    end
end
imwrite(image2,'LenaRoberts.bmp');  % 保存图像
figure;imshow(image2,[]);               % 显示边缘检测图像
```

程序运行结果如图 7-12(a)所示。将上述程序稍加修改,根据图 7-11 的示意图,即可得到由普雷维特横向算子和索贝尔横向算子检测出的边缘,程序不再给出,运行结果如图 7-12(b)和图 7-12(c)所示。

（a）采用罗伯茨交叉算子进行      （b）采用普雷维特横向算子      （c）采用索贝尔横向算子
边缘检测的结果            进行边缘检测的结果          进行边缘检测的结果

**图 7-12 空域边缘检测的结果**

图 7-12 表明,罗伯茨交叉算子检测出的边缘宽度窄于另外两种方法,是单像素宽度的边缘,原因在于差分的像素是相邻位置的,而普雷维特横向算子和索贝尔横向算子检测出的边缘宽度为 2 个像素的宽度,因为它们差分运算的像素之间相差 2 个像素的宽度。单像素宽度边缘在许多应用中具有重要意义,若检测出的边缘不是单像素宽度的,则要将其变成单像素宽度的。罗伯茨交叉算子检测的边缘并不完整,而普雷维特横向算子和索贝尔横向算子检测出的边缘较完整。在 MATLAB 中,利用 edge()函数也可以进行不同算子的边缘检测,只需将 edge()函数中的控制符改为"Roberts"或"Prewitt"或"Sobel"等,即可得到以上的边缘结果。

基于空域的边缘检测仅涉及数字信号处理中的差分运算,这一简单的运算在图像处理中却有很强的实用性。这种采用模板操作的边缘检测方法,其实应用的是二维信号的卷积运算。

### 2. 基于变换域的边缘检测

下面分析在变换域中进行边缘检测的方法。在变换域中,可以采用具有高通性质的二维滤波器对变换后的图像进行滤波处理,当然滤波过程也是卷积运算过程。因此

变换域的边缘检测,其实利用了空域中的卷积对应于变换域乘积的性质,其滤波过程类似于第 4 章介绍的用快速傅里叶变换来计算线性卷积的过程。

下面采用二维离散余弦变换来对 Lena 图像进行基于变换域的边缘检测,将序号小于 100 的值滤除来检测边缘,程序如下。

```
image1=imread('Lena.bmp');      % 读取 Lena 图像
figure;imshow(image1);          % 显示原始图像
title('orignal image');
image1=double(image1);          % 转换图像数据格式
[row col]=size(image1);         % 获得图像的行、列大小
temp=dct2(image1);              % 进行二维离散余弦变换
for x=1:row
    for y=1:col
        if x<100&&y<100
            temp(x,y)=0;
            % 将 x、y 均小于 100 的值滤除,使其为 0,相当于加了高通矩形窗函数
        end
    end
end
image2=idct2(temp);            % 进行二维离散余弦反变换
image2=image2+128;            % 变换后图像灰度值较小,增加 128 便于看清细节
imwrite(image2,gray(256),'LenaDCTDetect100.bmp');   % 保存图像
figure;imshow(image2,[]);       % 显示滤波后图像
```

程序运行结果如图 7-13(a)所示,将上述程序稍加修改,即可得到滤除序号小于 50 和 30 的值时检测出的边缘,程序不再给出,运行结果如图 7-13(b)和图 7-13(c)所示。

 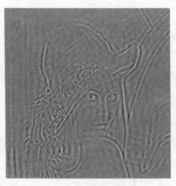 

（a）滤除小于100的值的边缘　　　　　（b）滤除小于50的值的边缘　　　　　（c）滤除小于30的值的边缘
　　　检测的结果　　　　　　　　　　　　检测的结果　　　　　　　　　　　　检测的结果

**图 7-13　离散余弦变换域边缘检测的结果**

由图 7-13 可以看出,在变换域中用高通滤波可以实现边缘检测。滤除序号 100 以内的值时,所得图像中仅有轻微的边缘存在;滤除序号 50 以内的值时,能检测出较完整的边缘;滤除序号 30 以内的值时,与原始图像的差别只是存在于平均亮度的差别。在图 7-13(b)和图 7-13(c)中,能够较明显地看出图像中出现了亮暗相间的干扰,这是由于滤波时采用了矩形滤波器,这会出现类似于一维信号加矩形窗函数的频谱泄漏现象,在

图像处理中这种现象称为振铃效应。

由图 7-12 和图 7-13 可以看出,就边缘检测来说,基于空域的边缘检测优于基于变换域的边缘检测。边缘检测在图像处理中具有重要作用,其性能的好坏将直接影响到后续处理的效果。目前,图像的边缘检测仍然是图像处理中的难点所在,因为人们对不同图像或在不同应用中对检测出的边缘的要求可能不同,有时希望能检测出细微的边缘,而有时希望只检测出较明显的边缘。人们提出了许多的边缘检测方法,如采用数学形态学处理的边缘检测方法等。

### 7.2.3　图像的去模糊处理

我们实际得到的图像往往都不同程度地存在模糊现象,如照相时相机的运动会造成运动模糊,成像时图像中的目标运动同样会造成运动模糊。7.2.1 小节介绍的图像受噪声干扰,也可以看成是一种模糊,或图像的退化。因此,图像的复原或去模糊处理是图像处理的重要方面。图像复原技术是将图像退化过程模型化,然后采用相反的处理过程,来得到原始图像的技术。典型的处理方法有逆滤波和维纳滤波处理方法。如果能够较精确地构造图像模糊模型,就能够较高质量地对图像进行去模糊处理。

下面以 Lena 图像为处理对象,先人为地对 Lena 图像进行模糊处理。先构造一个运动距离为 25 个像素点、角度为 $10°$ 的线性运动模型,即点扩散函数(psf),然后将这个函数与 Lena 图像进行卷积运算,即能够实现对图像的模糊模拟。程序如下。

```
image1=imread('Lena.bmp');                      % 读取 Lena 图像
figure;imshow(image1);                          % 显示原始图像
title('orignal image');
[row col]=size(image1);                         % 获得图像的行、列大小
len=25;theta=10;                                % 运动模糊的参数
psf=fspecial('motion',len,theta);              % 构造运动模糊模型
image2=imfilter(image1,psf,'circular','conv'); % 进行卷积运算,使图像运动模糊
imwrite(image2,gray(256),'LenaMotion.bmp');    % 保存模糊图像
figure;imshow(image2,[]);
```

程序运行结果如图 7-14 所示,显然图像出现了严重的运动模糊现象,类似于成像时的相机运动所造成的模糊。

由于这种模糊是人为造成的,我们如果可以精确地知道模糊的有关参数,即运动模糊的距离和角度,就能够较精确地恢复图像。

下面以构造的运动模糊模型(点扩散函数)为基础,采用维纳滤波的去卷积处理来对图像进行去模糊处理。程序如下。

```
image3=deconvwnr(image2,psf);                   % 利用维纳滤波的去模糊处理
imwrite(image3,gray(256),'LenadeMotion.bmp');   % 保存去模糊图像
```

程序运行结果如图 7-15 所示,显然,在精确地知道模糊参数的情况下,恢复的图像与原始图像的差别不大,它们的峰值信噪比为 28.02 dB。

但是在实际中,我们并不能精确地知道模糊参数,这时只能对模糊参数进行估计。若估计的参数比较准确,则能较好地恢复图像;若估计的参数不准确,则恢复的图像的质量就会较差。

图 7-14　模拟的图像模糊　　　　图 7-15　精确估计运动模型时去模糊后的图像

　　下面假定不知道运动模糊的具体参数，只估计运动距离为 20 个像素点、角度仍为 10°，这时恢复的图像如图 7-16 所示。

```
psf1=fspecial('motion',20,theta);              % 估计运动模糊模型
image3=deconvwnr(image2,psf1);                 % 利用维纳滤波的去模糊处理
imwrite(image3,gray(256),'LenadeMotion20.bmp'); % 保存去模糊图像
```

图 7-16　估计运动距离不准确时去模糊后的图像

　　从图 7-16 可以看出，在估计的运动距离不准确时，恢复的图像与原始图像差别较大，由于恢复时的运动距离与模糊时的运动距离不等，所以在恢复的图像当中，出现了等距的条纹。

　　图 7-16 所示的是估计的运动距离不精确时复原的结果，下面来看运动距离估计精确，但是运动角度估计不精确时复原的图像。假定估计出的运动角度为 5°，程序如下。

```
psf1=fspecial('motion',len,5);                 % 估计运动模糊模型
image3=deconvwnr(image2,psf1);                 % 利用维纳滤波的去模糊处理
imwrite(image3,gray(256),'LenadeMotion5.bmp'); % 保存去模糊图像
```

　　程序运行结果如图 7-17 所示，这时恢复的图像与原图像仍有较大的差距，但是恢复效果优于运动距离估计不准确时恢复的图像。

　　如果运动距离和运动角度均有差距,如估计的运动距离为 22 个像素点、角度为 7°时恢复的图像如图 7-18 所示。

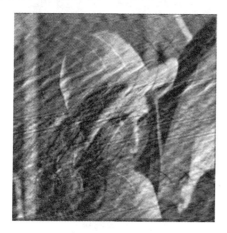 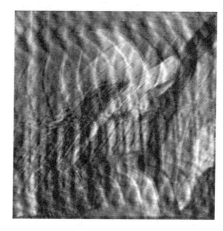

图 7-17　估计运动角度不准确时去模糊后　　　图 7-18　估计运动距离和角度均不准确时
　　　　的图像　　　　　　　　　　　　　　　　　　去模糊后的图像

　　本小节举例说明了图像去模糊处理的基本方法,显然图像去模糊处理的关键在于对模糊模型的估计,模型估计准确就能得到较好的去模糊效果,但若模型估计有偏差,则去模糊效果就不太理想了。图像复原除了维纳滤波,还有其他一些方法,如逆滤波、最大相似性算法等,有兴趣的读者可参考有关文献。

　　图像处理的内容极为丰富,这里仅介绍了少量的内容,用于说明图像处理要广泛地用到数字信号处理中的有关理论和方法,以便读者能够明白数字信号处理的重要性,当然,也希望能引起读者对图像处理的兴趣。

# 8

# 数字信号处理实验

数字信号处理有很多深奥的数学概念,理论也相对抽象,同时数字信号处理是一门理论与实践密切结合的课程,应该加强实验教学。实验可以使学生巩固所学基本理论,掌握最基本的数字信号处理的理论和方法,提高学生综合运用所学知识和计算机编程的能力。同时数字信号处理实验可进一步加强学生独立分析问题、解决问题的能力,综合设计及创新能力,同时注意培养学生实事求是、严肃认真的科学作风和良好的实验习惯,为今后的工作打下良好的基础。

## 8.1 实验一 离散时间信号的表示及运算

### 8.1.1 实验目的

(1) 掌握离散时间信号的时域表示。
(2) 掌握离散时间信号的基本运算。
(3) 用 MATLAB 表示的常用离散时间信号及其运算。
(4) 掌握用 MATLAB 描绘二维图形的方法。

### 8.1.2 实验原理

离散时间信号是指在离散时刻才有定义的信号,简称离散信号或序列。离散序列通常用 $x(n)$ 来表示,自变量必须是整数。在 MATLAB 中,离散时间信号的波形绘制一般调用 stem() 函数。

对离散序列实行基本运算可得到新的序列,这些基本运算主要包括加、减、乘、除、移位、反褶等。两个序列的加、减、乘、除是对应离散样点值的加、减、乘、除,因此,可通过 MATLAB 的点乘和点除、序列移位和反褶来实现。

一些常用序列如下。

**1. 单位冲激(单位采样)序列 $\delta(n)$**

单位冲激序列可表示为

$$\delta(n)=\begin{cases}1, & n=0 \\ 0, & n\neq0\end{cases} \tag{8-1}$$

**2. 单位阶跃序列 $u(n)$**

单位阶跃序列可表示为

$$u(n) = \begin{cases} 1, & n \geq 0 \\ 0, & n < 0 \end{cases} \tag{8-2}$$

**3. 矩形序列 $R_N(n)$**

矩形序列可表示为

$$R_N(n) = \begin{cases} 1, & 0 \leq n \leq N-1 \\ 0, & 其他 \end{cases} \tag{8-3}$$

**4. 正弦序列和指数序列**

1）正弦序列

正弦序列可表示为

$$x(n) = A\sin(\omega_0 n + \varphi) \tag{8-4}$$

其中：$A$ 为幅度；$\omega_0$ 为数字域的频率，它反映了序列变化的速率；$\varphi$ 为起始相位。

2）实指数序列

实指数序列可表示为

$$x(n) = a^n u(n) \tag{8-5}$$

其中：$a$ 为实数。当 $|a| < 1$ 时，序列是收敛的；当 $|a| > 1$ 时，序列是发散的；当 $a < 0$ 时，序列是摆动的。

3）复指数序列

复指数序列可表示为

$$x(n) = e^{(\sigma + j\omega_0)n} \tag{8-6}$$

其中：$\omega_0$ 是复正弦的数字域频率。此序列具有实部和虚部。

## 8.1.3 实验内容

（1）用 MATLAB 编写程序，分别产生单位采样序列 $\delta(n)$、单位阶跃序列 $u(n)$、矩形序列 $x(n) = R_5(n)$、正弦序列 $x(n) = 2\sin\left(\frac{\pi}{8}n\right)$、复指数序列 $x(n) = e^{(\frac{1}{4} + j\frac{\pi}{6})n}$，并绘制波形图；

（2）已知序列 $x(n) = \delta(n) + 2\delta(n-1) + 3\delta(n-2) + 4\delta(n-3) + 5\delta(n-4)$，$h(n) = 2\delta(n) + \delta(n-1) + \delta(n-2) + 2\delta(n-3)$，用 MATLAB 编程以实现序列的移位序列，即 $x(n+3)$、$h(n-2)$，两序列的反褶、相加、相乘运算并绘制波形图。

## 8.1.4 实验步骤

（1）掌握离散时间信号的表示及运算。
（2）编写 MATLAB 程序，绘制序列的波形图。
（3）调试程序，排除程序中的错误。
（4）分析程序运行结果，检验结果是否与理论一致。

## 8.1.5 实验报告要求

（1）阐明实验目的、原理及内容。

（2）对实验结果加以分析和总结。

（3）写出收获和体会。

（4）打印实验程序和结果，并将其粘贴在实验报告中。

### 8.1.6 思考题

（1）如何编写函数文件及调用函数文件？如何操作？

（2）复数序列能直接显示结果吗？如何操作？

## 8.2 实验二 周期和非周期序列的相关运算

### 8.2.1 实验目的

（1）理解相关运算的基本原理。

（2）编程实现序列的互相关和自相关运算。

（3）通过周期序列和非周期序列相关结果的比较，理解周期序列的自相关特点。

### 8.2.2 实验原理

能量序列 $x(n)$ 和 $y(n)$ 的互相关定义为

$$r_{xy}(m) = \sum_{n=-\infty}^{+\infty} x(n)y(n-m) \tag{8-7}$$

其中：下标 $xy$ 的顺序表示 $x(n)$ 是固定的，而序列 $y(n)$ 作相对的平移。若 $m$ 为正，则说明序列 $y(n)$ 相对于参考序列 $x(n)$ 右移了 $m$ 个样本；若 $m$ 为负，则说明序列 $y(n)$ 相对于参考序列 $x(n)$ 左移了 $m$ 个样本。

若希望以 $y(n)$ 作参考序列，而使 $x(n)$ 作平移，则互相关为

$$r_{yx}(m) = \sum_{n=-\infty}^{+\infty} y(n)x(n-m) = \sum_{k=-\infty}^{+\infty} y(m+k)x(k) = r_{xy}(-m) \tag{8-8}$$

显然，$r_{xy}(m)$ 是 $r_{yx}(m)$ 的时间反转。互相关可以用于判断两个序列的相似程度。

若 $x(n)$ 和 $y(n)$ 为同一序列，则互相关就变为了自相关。

自相关具有以下一些特点：

（1）自相关的第一个值，即移位 $m=0$ 时为序列的能量；

（2）周期序列的自相关具有周期性，其周期与序列周期相同；

（3）非周期序列的自相关不具有周期性。

### 8.2.3 实验内容

**1. 序列的产生**

本实验要用到周期序列、非周期序列、随机噪声序列。

周期序列为正弦序列，即 $x(n)=\sin(0.1\pi n)$，$0 \leqslant n \leqslant 99$。

非周期序列为指数序列，即 $x(n)=5(0.8)^n$，$0 \leqslant n \leqslant 99$。

范围为 $-1 \sim 1$ 的随机噪声序列，由 MATLAB 的 rands() 函数产生。

**2. 互相关运算**

（1）受到随机噪声干扰的周期序列与原周期序列的互相关。

(2) 周期序列与非周期序列的互相关。

**3. 自相关运算**

(1) 受到随机噪声干扰的周期序列的自相关。
(2) 受到随机噪声干扰的非周期序列的自相关。
(3) 随机噪声序列的自相关。

## 8.2.4  实验步骤

(1) 复习并理解相关运算的原理和特点。
(2) 编写 MATLAB 程序,计算序列的互相关和自相关。
(3) 调试程序,排除程序中的错误。
(4) 分析程序运行结果,检验结果是否与理论一致。

## 8.2.5  实验报告要求

(1) 阐明实验目的、原理及内容。
(2) 对实验结果加以分析和总结。
(3) 写出收获和体会。
(4) 打印实验程序和结果,并将其粘贴在实验报告中。

## 8.2.6  思考题

(1) 为什么周期序列的自相关具有与序列相同的周期?
(2) 为什么序列相关结果总是前半段幅度逐渐递增而后半段幅度逐渐递减?
(3) 相关运算在信号处理中具有哪些作用?

# 8.3  实验三  系统的零点、极点对频率响应的影响

## 8.3.1  实验目的

(1) 理解系统的概念。
(2) 理解系统的几种描述方法之间的关系。
(3) 理解零点、极点的概念。
(4) 理解系统的零点、极点对频率响应所产生的影响。

## 8.3.2  实验原理

离散时间系统的差分方程的一般形式为

$$y(n) = \sum_{k=1}^{N} a_k y(n-k) + \sum_{k=0}^{M} b_k x(n-k) \tag{8-9}$$

离散时间系统的单位脉冲响应表示为

$$y(n) = \sum_{m=-\infty}^{+\infty} x(m)h(n-m) = \sum_{m=-\infty}^{+\infty} h(m)x(n-m) \tag{8-10}$$

即系统的输出是系统的输入和单位脉冲响应的卷积。

离散时间系统的系统函数的一般形式为

$$H(z) = \frac{Y(z)}{X(z)} = \frac{\sum\limits_{k=0}^{M} b_k z^{-k}}{1 - \sum\limits_{k=1}^{N} a_k z^{-k}} \tag{8-11}$$

离散时间系统的频率响应为

$$H(e^{j\omega}) = \frac{Y(e^{j\omega})}{X(e^{j\omega})} = \frac{\sum\limits_{k=0}^{M} b_k e^{-j\omega k}}{1 - \sum\limits_{k=1}^{N} a_k e^{-j\omega k}} \tag{8-12}$$

上述四种系统存在着密切的联系,联系的纽带就是系统的单位脉冲响应:

(1) 系统函数为单位脉冲响应的 $Z$ 变换;

(2) 频率响应为单位脉冲响应的傅里叶变换;

(3) 在差分方程中若将输入序列转换成单位脉冲序列,则输出即为单位脉冲响应。

若将系统函数进行因式分解,即

$$H(z) = A \frac{\prod\limits_{k=1}^{M} (1 - c_k z^{-1})}{\prod\limits_{k=1}^{N} (1 - d_k z^{-1})} \tag{8-13}$$

则 $c_k$ 是系统的零点,$d_k$ 是系统的极点。由于序列的傅里叶变换是在单位圆上的 $Z$ 变换,所以系统的频率响应中 $\omega$ 是逆时针在单位圆上绕原点变化的。零点、极点对系统频率响应有如下定性的影响:

(1) 当变量 $\omega$ 处于离极点较近的位置时,系统频率响应的幅度将出现极大值;

(2) 当变量 $\omega$ 处于离零点较近的位置时,系统频率响应的幅度将出现极小值;

(3) 在原点处的零点、极点对系统频率响应的幅度不会产生影响。

因此,根据系统的零点、极点的位置,就可以大致估计该系统的频率响应幅度变化规律。

系统函数一般表示成幅度和相角的形式为

$$H(e^{j\omega}) = |H(e^{j\omega})| e^{j\theta(\omega)} \tag{8-14}$$

其中:$|H(e^{j\omega})|$ 为幅度频率响应,简称幅频响应;$\theta(\omega) = \arctan\left\{\dfrac{\mathrm{Im}[H(e^{j\omega})]}{\mathrm{Re}[H(e^{j\omega})]}\right\}$ 为相位频率响应,简称相频响应。

### 8.3.3 实验内容

(1) 系统的描述。

在本实验中要用到差分方程,系统函数和零点、极点描述的系统,并确定其频率响应。

差分方程描述的系统 Ⅰ 为

$$y(n) = \frac{1}{8} \sum_{k=0}^{7} x(n-k)$$

系统函数描述的系统 Ⅱ 为

$$H(z) = \frac{0.05 - 0.03z^{-1} + 0.1z^{-2} - 0.03z^{-3} + 0.05z^{-4}}{1 + 2.3z^{-1} + 2.6z^{-2} + 1.6z^{-3} + 0.4z^{-4}}$$

零点、极点描述的系统Ⅲ为

极点 $0.71+0.23j、0.4+0.94j、0.71-0.23j、0.4-0.94j$

零点 $0.45+0.92j、-0.89+0.36j、0.45-0.92j、-0.89-0.36j$

(2) 频率响应和零点、极点的确定。

① 系统Ⅰ的频率响应和零点、极点分布。

② 系统Ⅱ的频率响应和零点、极点分布。

③ 系统Ⅲ的频率响应和零点、极点分布。

(3) 分析频率响应与零点、极点分布的关系。

### 8.3.4 实验步骤

(1) 复习并理解系统描述,零点、极点及频率响应的关系。

(2) 编写 MATLAB 程序,计算系统的频率响应。

(3) 调试程序,排除程序中的错误。

(4) 分析程序运行结果,检验结果是否与理论一致。

### 8.3.5 实验报告要求

(1) 阐明实验目的、原理及内容。

(2) 对实验结果加以分析和总结。

(3) 写出收获和体会。

(4) 打印实验程序和结果,并将其粘贴在实验报告中。

### 8.3.6 思考题

(1) 零点、极点处于什么位置对系统频率响应的影响最大?

(2) 衰减特性相同的高通和带通滤波器其零点、极点有什么关系?

(3) 要让低通滤波器接近于理想低通滤波器特性,该如何调整零点、极点?

## 8.4 实验四 周期序列的傅里叶级数展开

### 8.4.1 实验目的

(1) 理解周期序列傅里叶级数的定义。

(2) 理解周期序列傅里叶级数的物理意义。

(3) 掌握周期序列傅里叶级数的计算方法。

(4) 理解周期序列傅里叶级数与谐波幅度的关系。

### 8.4.2 实验原理

周期序列傅里叶级数的变换和反变换分别为

$$\widetilde{X}(k) = \sum_{n=0}^{N-1} \widetilde{x}(n) e^{-j\frac{2\pi}{N}nk} \qquad\qquad (8\text{-}15)$$

$$\widetilde{x}(n) = \frac{1}{N}\sum_{k=0}^{N-1}\widetilde{X}(k)\mathrm{e}^{\mathrm{j}\frac{2\pi}{N}nk} \qquad\qquad (8\text{-}16)$$

式(8-16)表明了将周期序列展开成各次谐波加权和的系数,即为周期序列傅里叶级数 $\widetilde{X}(k)/N$,而对应的谐波频率为基频 $\omega_0 = 2\pi/N$ 的 $k$ 倍,即该谐波为 $k$ 次谐波。而式(8-15)则给出了由周期序列 $\widetilde{x}(n)$ 求周期序列傅里叶级数的方法。

周期序列的傅里叶级数具有周期性,其周期为 $N$。傅里叶级数是复数。周期序列的傅里叶级数表明,任何一个周期序列,均可以展开成各次谐波加权和的形式。

### 8.4.3 实验内容

(1)周期序列的产生。

本实验要用到周期矩形波、三角波和正弦调制波。

矩形波的参数:周期为 100、占空比为 1、幅度为 2。

周期 $N$ 为 100 的三角波为

$$x(n) = \begin{cases} \dfrac{2n}{(N-1)/2}, & 0 \leqslant n \leqslant \dfrac{N-1}{4} \\[2mm] 1 - \dfrac{2n}{(N-1)/2}, & \dfrac{N-1}{4} < n \leqslant \dfrac{N-1}{2} \\[2mm] -\dfrac{2n}{(N-1)/2}, & \dfrac{N-1}{2} < n \leqslant \dfrac{3(N-1)}{4} \\[2mm] \dfrac{2n}{(N-1)/2} - 1, & \dfrac{3(N-1)}{4} < n \leqslant N-1 \end{cases}$$

正弦调制波为

$$x(n) = \sin(0.01\pi n) \times \cos(0.1\pi n), \quad 0 \leqslant n \leqslant 199$$

(2)矩形波、三角波、正弦调制波的傅里叶级数展开。

(3)分析傅里叶级数与展开各次谐波幅度的关系。

### 8.4.4 实验步骤

(1)复习并理解周期序列傅里叶级数的定义和物理意义。

(2)编写 MATLAB 程序,计算周期序列傅里叶级数。

(3)调试程序,排除程序中的错误。

(4)分析程序运行结果,检验结果是否与理论一致。

### 8.4.5 实验报告要求

(1)阐明实验目的、原理及内容。

(2)对实验结果加以分析和总结。

(3)写出收获和体会。

(4)打印实验程序和结果,并将其粘贴在实验报告中。

### 8.4.6 思考题

(1)周期序列傅里叶级数的幅度与展开波形各次谐波幅度之间有什么关系?

（2）如果将矩形序列的 5 次及以内的谐波相加，会得到什么波形？

（3）正弦调制波的傅里叶级数展开说明了调制有什么特点？

## 8.5 实验五 频域采样点数对序列的影响

### 8.5.1 实验目的

（1）理解离散傅里叶变换的定义。

（2）理解频域采样的条件。

（3）理解频域采样在时域中的影响。

### 8.5.2 实验原理

频域采样会导致时域的周期延拓，即

$$x_N(n) = \Big[\sum_{k=-\infty}^{+\infty} x(n+kN)\Big]R_N(n) \tag{8-17}$$

即恢复的序列是原序列以采样点数 $N$ 为周期延拓后，再取范围为 $0 \sim N-1$ 的 $N$ 点的序列。若采样点数小于序列长度 $L$，则在恢复的序列的前 $L-N$ 点和后 $L-N$ 点将出现两个周期值的重叠，即失真。序列前 $L-N$ 点与前一个周期的后 $L-N$ 点重叠，序列后 $L-N$ 点与后一个周期的前 $L-N$ 点重叠。

既然离散傅里叶变换是序列傅里叶变换中 $\omega$ 的等间隔采样而得到的，而序列的傅里叶变换又是在单位圆上的 $Z$ 变换，因此，可以由离散傅里叶变换 $X(k)$ 表示出 $Z$ 变换 $X(z)$ 和序列傅里叶变换 $X(e^{j\omega})$，其公式分别为

$$X(z) = \frac{1-z^{-N}}{N}\sum_{k=0}^{N-1}\frac{X(k)}{1-W_N^{-k}z^{-1}} \tag{8-18}$$

$$X(e^{j\omega}) = X(z)\Big|_{z=e^{j\omega}} = \sum_{k=0}^{N-1}X(k)\phi_k(e^{j\omega}) \tag{8-19}$$

式（8-19）就是由离散的频谱恢复为连续频谱的过程，按如下的内插公式进行恢复：

$$\phi_k(e^{j\omega}) = \frac{1}{N}\frac{\sin\left(\frac{N}{2}\omega-k\pi\right)}{\sin\left(\frac{\omega}{2}-\frac{k\pi}{N}\right)}e^{-j\left[\frac{N-1}{2}\omega-\frac{N-1}{N}k\pi\right]} \tag{8-20}$$

### 8.5.3 实验内容

（1）序列的产生。

本实验要用到矩形序列（长度为 100 点的矩形序列）和正弦序列（$\sin(0.01\pi n)$，$0 \leqslant n \leqslant 99$）。

（2）频域不同采样点数恢复的序列。

① 对矩形序列分别在频域采样 80、100、120 点所恢复的序列。

② 对正弦序列分别在频域采样 80、100、120 点所恢复的序列。

（3）分析不同采样点数所恢复的序列与原序列的关系。

### 8.5.4  实验步骤

(1) 复习并理解离散傅里叶变换的定义。

(2) 编写 MATLAB 程序,计算在频域不同采样点数下恢复的序列。

(3) 调试程序,排除程序中的错误。

(4) 分析程序运行结果,检验结果是否与理论一致。

### 8.5.5  实验报告要求

(1) 阐明实验目的、原理及内容。

(2) 对实验结果加以分析和总结。

(3) 写出收获和体会。

(4) 打印实验程序和结果,并将其粘贴在实验报告中。

### 8.5.6  思考题

(1) 频域采样点数是不是越多越好?

(2) 离散傅里叶变换的定义式中序列长度和采样点数为什么采用同一值?

(3) 周期序列的傅里叶级数与离散傅里叶变换之间有什么关系?

## 8.6  实验六  采样频率对信号频谱的影响

### 8.6.1  实验目的

(1) 理解采样定理。

(2) 掌握采样频率确定方法。

(3) 理解频谱的概念。

(4) 理解三种频率之间的关系。

### 8.6.2  实验原理

理想采样过程是连续信号 $x_a(t)$ 与冲激函数串 $M(t)$ 的乘积的过程,即

$$M(t) = \sum_{k=-\infty}^{+\infty} \delta(t - kT_s) \tag{8-21}$$

$$\hat{x}_a(t) = x_a(t)M(t) \tag{8-22}$$

其中:$T_s$ 为采样间隔。因此,理想采样过程可以看成是脉冲调制过程,调制信号是连续信号 $x_a(t)$,载波信号是冲激函数串 $M(t)$。显然有

$$\hat{x}_a(t) = \sum_{k=-\infty}^{+\infty} x_a(t)\delta(t - kT_s) = \sum_{k=-\infty}^{+\infty} x_a(kT_s)\delta(t - kT_s) \tag{8-23}$$

所以,$\hat{x}_a(t)$ 实际上是 $x_a(t)$ 在离散时间 $kT_s$ 上取值的集合,即 $\hat{x}_a(kT_s)$。

对信号采样我们最关心的问题是,信号经过采样后是否会丢失信息,或者说能否不失真地恢复原来的模拟信号。下面从频域出发,根据理想采样信号的频谱 $\hat{X}_a(j\Omega)$ 和原来模拟信号的频谱 $X(j\Omega)$ 之间的关系,来讨论采样不失真的条件:

$$\hat{X}_a(j\Omega) = \frac{1}{T_s}\sum_{k=-\infty}^{+\infty} X(j\Omega - kj\Omega_s) \qquad (8\text{-}24)$$

式(8-24)表明,一个连续信号经过理想采样后,其频谱将以采样频率 $\Omega_s = 2\pi/T_s$ 为间隔周期延拓,其频谱的幅度与原模拟信号频谱的幅度相差一个常数因子 $1/T_s$。只要各延拓分量与原频谱分量之间不发生频率上的交叠,就可以完全恢复原来的模拟信号。根据式(8-24)可知,要保证各延拓分量与原频谱分量之间不发生频率上的交叠,则必须满足 $\Omega_s \geqslant 2\Omega$,这就是奈奎斯特采样定理,即要想连续信号采样后能够不失真地还原原信号,采样频率必须不小于被采样信号最高频率的 2 倍,即

$$\Omega_s \geqslant 2\Omega_h, \quad 或 \quad f_s \geqslant 2f_h, \quad 或 \quad T_s \leqslant \frac{T_h}{2} \qquad (8\text{-}25)$$

即对于最高频率的信号一个周期内至少要采样两点,式(8-25)中的 $\Omega_h$、$f_h$、$T_h$ 分别为被采样模拟信号的最高角频率、频率和最小周期。

对正弦信号采样时,采样频率要大于这一最低的采样频率,或小于这一最大的采样间隔才能不失真地恢复信号。对正弦信号采样时,一般要求在一个周期至少采样 3 个点,即采样频率 $f_s \geqslant 3f_h$。

### 8.6.3  实验内容

(1)采样频率的确定。

在本实验中要用到正弦信号($\sin(20\pi t)$)、余弦信号($\cos(20\pi t)$)和频率为 50 Hz、占空比为 1 的矩形波。

(2)计算采样后所得序列的频谱。

① 正弦信号在采样频率为 15 Hz、20 Hz、50 Hz 时采样所得序列的频谱。

② 余弦信号在采样频率为 15 Hz、20 Hz、50 Hz 时采样所得序列的频谱。

③ 矩形波在采样频率为 100 Hz、400 Hz、800 Hz 时采样所得序列的频谱。

(3)分析不同信号在不同采样频率下频谱的特点。

### 8.6.4  实验步骤

(1)复习并理解时域采样定理。

(2)编写 MATLAB 程序,计算不同采样频率下信号的频谱。

(3)调试程序,排除程序中的错误。

(4)分析程序运行结果,检验结果是否与理论一致。

### 8.6.5  实验报告要求

(1)阐明实验目的、原理及内容。

(2)对实验结果加以分析和总结。

(3)写出收获和体会。

(4)打印实验程序和结果,并将其粘贴在实验报告中。

### 8.6.6  思考题

(1)相同频率的正弦信号和余弦信号,与均采用信号频率 2 倍的采样频率采样所

得序列的频谱相比有何不同？为什么？

（2）50 Hz 的矩形波的采样频率为何不能为 100 Hz？

（3）对于矩形波，要完全不失真，采样频率应为多少？一般采样频率为信号频率的多少倍时就可近似认为没有失真？

## 8.7  实验七  用快速傅里叶变换对信号进行频谱分析

### 8.7.1  实验目的

（1）理解离散傅里叶变换的意义。

（2）掌握时域采样频率的确定方法。

（3）掌握频域采样点数的确定方法。

（4）掌握离散频率与模拟频率之间的关系。

（5）掌握采用离散傅里叶变换进行频谱分析，对各参数的影响。

### 8.7.2  实验原理

序列的傅里叶变换结果为序列的频率响应，但是序列的傅里叶变换的结果是频率的连续函数，而且在采用计算机计算时，序列的长度不能无限长，为了便于计算机处理，需满足如下要求：序列 $x(n)$ 为有限长序列，$n$ 为 $0 \sim N-1$，再对频率 $\omega$ 为 $0 \sim 2\pi$ 等间隔采样，采样点数为 $N$，采样间隔为 $2\pi/N$。第 $k$ 个采样点对应的频率值为 $2\pi k/N$，可得离散傅里叶变换及其反变换的定义分别为

$$X(k) = \sum_{n=0}^{N-1} x(n) e^{-j\frac{2\pi k}{N}n} \tag{8-26}$$

$$x(n) = \frac{1}{N} \sum_{k=0}^{N-1} X(k) e^{j\frac{2\pi n}{N}k} \tag{8-27}$$

若把一个有限长序列看成是周期序列的一个周期，则离散傅里叶变换就是傅里叶级数。离散傅里叶变换具有周期性，其周期为 $N$。

数字频率与模拟频率之间的关系为

$$\omega = \frac{2\pi f}{f_s}, \quad \text{即} \quad f = \frac{\omega f_s}{2\pi} = \frac{\omega}{2\pi T_s} \tag{8-28}$$

则第 $k$ 个频率点对应的模拟频率为

$$f_k = \frac{2\pi k}{N} \cdot \frac{1}{2\pi T_s} = \frac{k}{N T_s} = \frac{k f_s}{N} \tag{8-29}$$

在用快速傅里叶变换进行频谱分析时，要确定两个重要参数，即采样频率和频域采样点数，采样频率可按奈奎斯特采样定理来确定，采样点数可根据序列长度或频率分辨率 $\Delta f$ 来确定，即

$$\frac{f_s}{N} \leqslant \Delta f, \quad \text{或} \quad N \geqslant \frac{f_s}{\Delta f} \tag{8-30}$$

用快速傅里叶变换分析连续信号的频谱的步骤如下：

（1）根据信号的最高频率，按照采样定理的要求确定合适的采样频率 $f_s$；

（2）根据频谱分辨率的要求确定频域采样点数 $N$，若没有明确要求频率分辨率，则

根据实际需要确定频率分辨率；

（3）进行 $N$ 点的快速傅里叶变换，最好将纵坐标根据帕塞瓦尔关系式用功率来表示，横坐标根据式(8-29)转换为模拟频率；

（4）根据所得结果进行分析。

### 8.7.3 实验内容

（1）采样频率和采样点数的确定。

本实验要用到正弦波($\sin(20\pi t)$)，频率为 50 Hz、占空比为 1 的矩形波，正弦波调制波($\sin(20\pi t)\times\cos(100\pi t)$)，根据波形确定采样频率。假定所有波形的频率分辨率均为 0.5 Hz，确定频域采样点数。

（2）信号的频谱分析。

① 正弦波进行快速傅里叶变换。

② 矩形波进行快速傅里叶变换。

③ 正弦调制波进行快速傅里叶变换。

（3）分析各信号的频谱与时域波形之间的关系。

### 8.7.4 实验步骤

（1）复习并理解离散傅里叶变换的定义和物理意义。

（2）编写 MATLAB 程序，对信号进行频谱分析。

（3）调试程序，排除程序中的错误。

（4）分析程序运行结果，检验结果是否与理论一致。

（5）若结果不理想，则调整有关参数，以得到较理想的结果。

### 8.7.5 实验报告要求

（1）阐明实验目的、原理及内容。

（2）对实验结果加以分析和总结。

（3）写出收获和体会。

（4）打印实验程序和结果，并将其粘贴在实验报告中。

### 8.7.6 思考题

（1）频谱的幅度有没有物理意义？如果没有，怎样处理才能有物理意义？

（2）为什么所得信号的频谱均是关于中心点对称的？

（3）要让所得频谱近似为理想的冲激，该如何调整参数？

## 8.8 实验八 用快速傅里叶变换计算线性卷积

### 8.8.1 实验目的

（1）掌握循环卷积的概念，并理解其与线性变换的区别。

（2）掌握离散傅里叶变换的卷积定理。

（3）掌握利用快速傅里叶变换计算线性卷积的方法。

（4）理解用快速傅里叶变换计算卷积的必要性。

### 8.8.2 实验原理

两序列的循环卷积为

$$x(n) \text{Ⓝ} y(n) = \sum_{m=0}^{N-1} x(m) y((n-m))_N \tag{8-31}$$

所对应的离散傅里叶变换为两序列离散傅里叶变换的乘积。

循环卷积与线性卷积的区别在于计算卷积的移位不再是线性移位,而是循环移位。所谓循环移位,也称为圆周移位,在一端移出的值同时从另一端移进,自变量始终为 $0 \sim N-1$,即 $N$ 点的循环移位为

$$x((n-n_0))_N = x(kN+n-n_0), \quad 0 \leqslant kN+n-n_0 \leqslant N-1$$

其中:$k$ 为整数。

两个长度分别为 $N$ 和 $M$ 的序列的线性卷积的长度为 $N+M-1$,而两个序列长度为 $N$ 的序列的循环卷积的结果长度还是为 $N$。

用快速傅里叶变换计算序列 $x(n)$,$0 \leqslant n \leqslant N-1$ 和 $y(n)$,$0 \leqslant n \leqslant M-1$ 的线性卷积的步骤如下:

（1）对长度为 $N$ 的序列 $x(n)$ 和长度为 $M$ 的序列 $y(n)$ 分别补零延长到 $L=N+M-1$;

（2）分别计算 $x(n)$ 和 $y(n)$ 的 $L$ 点离散傅里叶变换,得 $X(k)$ 和 $Y(k)$;

（3）计算 $X(k)Y(k)$ 的 $L$ 点离散傅里叶反变换,即得 $x(n)$ 和 $y(n)$ 的线性卷积。

对于长序列的卷积运算,若按照上述步骤,则在序列后面要补很多零,这显然增加了运算量,有两种处理方式:一是采用重叠相加法,一是采用重叠保留法。

### 8.8.3 实验内容

（1）序列的产生。本实验,要用到以下两个序列。

① 受随机噪声干扰的正弦波 $\sin(20\pi t)$ 经过采样频率为 100 Hz 采样得到的长度为 3000 点的序列,受到了在 $-1$ 和 $1$ 之间的随机噪声的干扰。

② 平滑滤波器的单位脉冲响应:$h(n) = \dfrac{1}{10} \sum_{k=0}^{9} \delta(n-k)$。

（2）序列的卷积运算。

① 根据卷积的定义式,直接编程以实现两序列的卷积,并记录程序运行时间。

② 调用 conv() 函数,计算两序列的卷积,并记录程序运行时间。

③ 调用 fft() 函数,利用快速傅里叶变换计算两序列的卷积,并记录程序运行时间。

（3）分析处理结果。

### 8.8.4 实验步骤

（1）复习并理解线性卷积、循环卷积的定义,并理解卷积的意义。

（2）编写 MATLAB 程序,采用不同方法计算序列的卷积。

（3）调试程序,排除程序中的错误。

(4) 分析程序运行结果,检验结果是否与理论一致。

(5) 比较不同方法的运行时间,理解快速傅里叶变换的意义。

### 8.8.5 实验报告要求

(1) 阐明实验目的、原理及内容。

(2) 对实验结果加以分析和总结。

(3) 写出收获和体会。

(4) 打印实验程序和结果,并将其粘贴在实验报告中。

### 8.8.6 思考题

(1) 为什么要定义卷积运算关系?

(2) 卷积运算是否是线性运算关系?

(3) 在 MATLAB 中,还可以调用哪些常用函数来实现卷积运算?

## 8.9 实验九  IIR 数字滤波器的设计

### 8.9.1 实验目的

(1) 理解滤波器参数的意义。

(2) 掌握脉冲响应不变法和双线性变换法设计 IIR 数字滤波器的方法。

(3) 掌握利用 MATLAB 设计其他各型 IIR 数字滤波器的方法。

(4) 掌握分析滤波器是否达到性能指标的方法。

### 8.9.2 实验原理

利用脉冲响应不变法,直接根据归一化的巴特沃兹模拟低通滤波器系统函数 $H(p)$ 得到 IIR 数字低通滤波器方法,即

$$H(z) = \sum_{k=1}^{N} \frac{A_k \lambda_c \Omega_p T_s}{1 - \mathrm{e}^{p_k \lambda_c \Omega_p T_s} z^{-1}} = \sum_{k=1}^{N} \frac{A_k \lambda_c \omega_p}{1 - \mathrm{e}^{p_k \lambda_c \omega_p} z^{-1}} \tag{8-32}$$

其中:$\omega_p = T_s \Omega_p$ 为数字滤波器的通带截止数字频率;$A_k$ 为 $H(p)$ 部分分式分解的系数;$p_k$ 为 $H(p)$ 的单阶极点;$T_s$ 为采样间隔;$\lambda_c = \Omega_c / \Omega_p$ 为归一化 3 dB 通带频率;$\Omega_p$ 为通带截止频率。

双线性变换法设计 IIR 数字滤波器时,模拟频率和数字频率之间不再是线性变换关系,而是非线性变换关系,即

$$\Omega = \frac{2}{T_s} \tan\left(\frac{\omega}{2}\right) \tag{8-33}$$

双线性变换法设计 IIR 巴特沃兹滤波器的步骤如下。

(1) 将已知的数字频率指标 $\omega_p$、$\omega_s$、$\delta_p$ 及 $\delta_s$ 变换为模拟滤波器的频率指标(注意:若不是由归一化模拟低通滤波器用双线性变换法设计的 IIR 数字滤波器,则常数 $2/T_s$ 不能省略),即

$$\Omega_p = \tan(\omega_p/2), \quad \Omega_s = \tan(\omega_s/2)$$

衰减特性指标 $\delta_p$ 及 $\delta_s$ 不变。

（2）按设计模拟低通滤波器的方法求得归一化模拟滤波器的系统函数 $H(p)$。

（3）用变量代换得到数字滤波器的系统函数 $H(z)$，即

$$H(z) = H(s)\Big|_{s=\frac{1}{\lambda_c \Omega_p}\frac{1-z^{-1}}{1+z^{-1}}} \tag{8-34}$$

设计其他各型 IIR 数字滤波器的理论方法在这里不再给出，读者可参看有关内容。在 MATLAB 中，设计滤波器的过程很简单，只要加上一些控制字符即可：控制字符省略时为"low"，表示设计低通滤波器；控制字符为"high"，表示设计高通滤波器；控制字符为"band"，表示设计带通滤波器；控制字符为"stop"，表示设计带阻滤波器。

### 8.9.3 实验内容

（1）滤波器的指标要求。

本实验要设计如下 4 个 IIR 数字滤波器。

① 利用脉冲响应不变法设计巴特沃兹数字低通滤波器，要求满足 $\omega_p=0.2\pi$，$\omega_s=0.6\pi$，$A_p\leqslant2$ dB，$A_s\geqslant15$ dB。

② 利用双线性变换法设计巴特沃兹数字滤波器，要求满足 $\omega_p=0.2\pi$，$\omega_s=0.6\pi$，$A_p\leqslant2$ dB，$A_s\geqslant15$ dB。

③ 设计巴特沃兹数字高通滤波器，3 dB 数字截止频率为 $\omega_c=0.5\pi$rad，阻带下边频 $\omega_s=0.35\pi$rad，阻带衰减 $A_s\geqslant48$ dB。

④ 现有一用采样频率为 1000 Hz 采样得到的数字信号，已知受到频率为 50 Hz 的噪声的干扰，现要设计一个滤波器滤除该噪声，要求 3 dB 的通带边频为 45 Hz 和 55 Hz，阻带的下边频为 49 Hz，阻带的上边频为 51 Hz，阻带衰减不小于 13 dB。

（2）滤波器的设计。

① 理解滤波器性能指标的含义。

② 调用 buttord()函数和 butter()函数，设计各滤波器。

（3）分析处理结果。

### 8.9.4 实验步骤

（1）复习并理解利用脉冲响应不变法和双线性变换法设计 IIR 数字滤波器的方法。

（2）编写 MATLAB 程序，设计相应的数字滤波器。

（3）调试程序，排除程序中的错误。

（4）分析程序运行结果，检验结果是否达到设计指标要求。

### 8.9.5 实验报告要求

（1）阐明实验目的、原理及内容。

（2）对实验结果加以分析和总结。

（3）写出收获和体会。

（4）打印实验程序和结果，并将其粘贴在实验报告中。

### 8.9.6 思考题

（1）这 4 个滤波器均能由脉冲响应不变法来设计吗？均能由双线性变换法来设

计吗？

（2）第①和第②个滤波器指标相同,设计结果是否相同？为什么？

（3）第①、②、③个滤波器没有指定采样频率,不同采样频率对设计结果会有影响吗？

## 8.10　实验十　FIR 数字滤波器的设计

### 8.10.1　实验目的

（1）理解滤波器参数的含义。

（2）掌握用窗函数法设计 FIR 数字滤波器的方法。

（3）掌握利用 MATLAB 设计其他各型 FIR 数字滤波器的方法。

（4）掌握分析滤波器是否达到性能指标的方法。

### 8.10.2　实验原理

（1）用窗函数法设计 FIR 数字滤波器的步骤如下。

① 根据过渡带宽和阻带最小衰减的要求,选定窗函数并确定 N 的大小,得到 $w(n)$。

② 计算相应的理想滤波器的单位脉冲响应 $h_d(n)$。

③ 求得所设计的 FIR 数字滤波器的单位脉冲响应 $h(n)=h_d(n)w(n)$,$n=0,1,\cdots,N-1$。

④ 为了验证设计结果是否满足设计要求,可以通过求 $H(e^{j\omega})=\mathrm{DTFT}[h(n)]$加以验证,若不满足要求,则需重新设计。

（2）常用的窗函数有矩形窗函数、巴特列特窗函数、汉宁窗函数、汉明窗函数、布莱克曼窗函数、凯泽窗函数。

选取合适的窗函数后,将窗函数与理想滤波器的单位脉冲响应相乘,就将无限长的理想滤波器的单位脉冲响应变为了有限长的单位脉冲响应。

（3）常用的滤波器是低通滤波器、高通滤波器、带通滤波器和带阻滤波器,这些滤波器的单位脉冲响应如下。

① 理想低通滤波器的单位脉冲响应为

$$h_d(n) = \frac{1}{2\pi}\int_{-\omega_c}^{\omega_c} e^{-j\omega a}\, e^{j\omega n}\, d\omega = \frac{\sin[\omega_c(n-a)]}{\pi(n-a)} \tag{8-35}$$

② 理想高通滤波器的单位脉冲响应为

$$h_d(n) = \frac{\sin[(n-a)\pi]-\sin[(n-a)\omega_c]}{\pi(n-a)} \tag{8-36}$$

③ 理想带通滤波器的单位脉冲响应为

$$h_d(n) = \frac{\sin[(n-a)\omega_{ch}]-\sin[(n-a)\omega_{cl}]}{\pi(n-a)} \tag{8-37}$$

④ 理想带阻滤波器的单位脉冲响应为

$$h_d(n) = \frac{\sin[(n-a)\pi]+\sin[(n-a)\omega_{cl}]-\sin[(n-a)\omega_{ch}]}{\pi(n-a)} \tag{8-38}$$

　　设计的滤波器不一定能满足指标要求,如有必要,要计算其频率响应进行验证,如不满足要求,要重新设计。

### 8.10.3　实验内容

　　(1) 滤波器的指标要求。

　　本实验要设计如下 3 个 FIR 数字滤波器。

　　① 设计 FIR 数字低通滤波器,要求满足 $\omega_c=0.2\pi$,$\Delta\omega=0.4\pi$,$A_s\geq15$ dB。

　　② 设计 FIR 数字高通滤波器,3 dB 数字截止频率为 $\omega_c=0.5\pi$rad,阻带下边频 $\omega_s=0.35\pi$rad,阻带衰减 $A_s\geq48$ dB。

　　③ 现有用采样频率为 1000 Hz 采样得到的数字信号,已知受到了频率为 50 Hz 的噪声的干扰,现要设计一个 FIR 滤波器滤除该噪声,要求 3 dB 的通带边频为 45 Hz 和 55 Hz,阻带的下边频为 49 Hz,阻带的上边频为 51 Hz,阻带衰减不小于 13 dB。

　　(2) 滤波器的设计。

　　① 理解滤波器性能指标的含义。

　　② 根据 FIR 数字滤波器的设计步骤进行编程。

　　③ 调用 fir1()函数设计数字滤波器。

　　(3) 分析处理结果。

### 8.10.4　实验步骤

　　(1) 复习并理解利用窗函数设计 FIR 数字滤波器的方法。

　　(2) 编写 MATLAB 程序,设计相应的数字滤波器。

　　(3) 调试程序,排除程序中的错误。

　　(4) 分析程序运行结果,检验结束是否达到设计指标要求。

### 8.10.5　实验报告要求

　　(1) 阐明实验目的、原理及内容。

　　(2) 对实验结果加以分析和总结。

　　(3) 写出收获和体会。

　　(4) 打印实验程序和结果,并将其粘贴在实验报告中。

### 8.10.6　思考题

　　(1) FIR 数字滤波器和 IIR 数字滤波器,在相同的指标要求下有何不同?

　　(2) 窗口长度越长越好吗? 太长有何影响,太短有何影响?

　　(3) 在选择窗函数类型时,为什么不直接选择阻带衰减最大的窗函数?

## 8.11　实验十一　用数字滤波器对信号进行滤波

### 8.11.1　实验目的

　　(1) 理解 IIR 数字滤波器、FIR 数字滤波器的特点。

（2）理解滤波的概念。

（3）掌握 IIR 数字滤波器、FIR 数字滤波器的滤波实现方法。

（4）掌握分析滤波前后信号的时域区别和频谱区别的方法。

### 8.11.2 实验原理

单位脉冲响应为 $h(n)$ 的一个线性时不变离散时间系统，其输入 $x(n)$ 与输出 $y(n)$ 的关系为

$$y(n) = x(n) * h(n) \tag{8-39}$$

即卷积和的关系。FIR 数字滤波器的单位脉冲响应是有限长的，输入信号长度也是有限长的，因此，FIR 数字滤波器可以采用式（8-39）实现滤波。但是，IIR 数字滤波器的单位脉冲响应 $h(n)$ 是无限长的，显然不能采用式（8-39）实现滤波。若 $x(n)$ 与 $h(n)$ 的傅里叶变换存在，则输入、输出的频域关系为

$$Y(e^{j\omega}) = X(e^{j\omega})H(e^{j\omega}) \tag{8-40}$$

然后再通过傅里叶反变换就可得到滤波结果。但是在实际实现过程中，傅里叶变换一般是通过快速离散傅里叶变换来实现的，而快速离散傅里叶变换是傅里叶变换的有限个点的采样值，因此，也都是有限长的，要求采样点数大于序列长度，否则会出现混叠失真。

一个 IIR 线性时不变系统的系统函数为

$$H(z) = \frac{\sum_{k=0}^{M} b_k z^{-k}}{1 - \sum_{k=1}^{N} a_k z^{-k}} \tag{8-41}$$

与其对应的常系数线性差分方程为

$$y(n) = \sum_{k=1}^{N} a_k y(n-k) + \sum_{k=0}^{M} b_k x(n-k) \tag{8-42}$$

式（8-42）表明了输出和输入的关系。但是，一般处理的信号都是从 0 开始取值的有限长序列，因此，采用差分方程实现滤波时，开始部分样点值无法实现滤波，通常采用的处理方式是让输出起始部分的值为 0。

对于 IIR 数字滤波器，由于其单位脉冲响应 $h(n)$ 是无限长的，因此不能用式（8-39）和式（8-40）来实现滤波。当然，一个稳定的系统其单位脉冲响应是衰减的，因此，在一定长度后，可以近似认为 IIR 数字滤波器的长度为有限长的，从而可采用式（8-39）和式（8-40）来实现滤波。当然，IIR 数字滤波器采用式（8-42）来滤波是最好的。

一个 FIR 线性时不变系统的系统函数为

$$H(z) = \sum_{k=0}^{M} b_k z^{-k} \tag{8-43}$$

与其对应的常系数线性差分方程为

$$y(n) = \sum_{k=0}^{M} b_k x(n-k) \tag{8-44}$$

显然式（8-44）就是卷积运算关系式。但是，一般处理的信号都是从 0 开始取值的有限长序列信号，因此，采用差分方程或卷积实现滤波时，开始部分样点值无法实现滤波，通常采用的处理方式是让输出起始部分的值为 0。

对于 FIR 数字滤波器,由于其单位脉冲响应 $h(n)$ 是有限长的,因此式(8-39)和式 (8-40)均能用来实现滤波。利用式(8-44),采用快速傅里叶变换能够得到滤波的快速 算法。

### 8.11.3 实验内容

(1) 序列的产生。

本实验要用到复合正弦序列($\sin(10\pi t) + 2\cos(20\pi t) - \sin(80\pi t)$经过采样频率为 100 Hz 采样得到的长度为 300 点的序列)、矩形序列(频率为 10 Hz、占空比为 1 的矩形 波经过采样频率为 100 Hz 采样得到的长度为 300 点的序列)。

(2) 滤波器的设计。

本实验要用到低通滤波器和高通滤波器,采用设计的低通滤波器和高通滤波器来 滤波。

(3) 滤波的实现。

① 利用差分方程来进行编程以实现滤波。

② 利用快速傅里叶变换来实现滤波。

③ 调用 filter()函数来实现滤波。

(4) 分析处理结果。

### 8.11.4 实验步骤

(1) 复习并理解利用 IIR 数字滤波器、FIR 数字滤波器进行滤波的方法。

(2) 编写 MATLAB 程序,实现对信号的滤波。

(3) 调试程序,排除程序中的错误。

(4) 分析程序运行结果,对比滤波前后的信号及其频谱的区别。

### 8.11.5 实验报告要求

(1) 阐明实验目的、原理及内容。

(2) 对实验结果加以分析和总结。

(3) 写出收获和体会。

(4) 打印实验程序和结果,并将其粘贴在实验报告中。

### 8.11.6 思考题

(1) 在 MATLAB 中,还有哪些函数可以用于实现数字滤波器的滤波?

(2) 矩形波经过低通滤波后的波形与原波形有何区别? 解释其原因。

(3) 如果将低通滤波器的指标改为 $\omega_p = 0.1\pi$,$\omega_s = 0.3\pi$,滤波后的结果有何变化?

# 附录 A  常用 MATLAB 函数

常用 MATLAB 函数如表 A-1 至表 A-9 所示。

表 A-1  三角函数

| 函 数 名 | 含 义 | 函 数 名 | 含 义 |
|---|---|---|---|
| sin() | 正弦 | csch() | 双曲余割 |
| sinh() | 双曲正弦 | acsc() | 反余割 |
| asin() | 反正弦 | acsch() | 反双曲余割 |
| asinh() | 反双曲正弦 | tan() | 正切 |
| cos() | 余弦 | tanh() | 双曲正切 |
| cosh() | 双曲余弦 | atan() | 反正切 |
| acos() | 反余弦 | atan2() | 四象限反正切(计算复数的相角) |
| acosh() | 反双曲余弦 | atanh() | 反双曲正切 |
| sec() | 正割 | cot() | 余切 |
| sech() | 双曲正割 | coth() | 双曲余切 |
| asec() | 反正割 | acot() | 反余切 |
| asech() | 反双曲正割 | acoth() | 反双曲余切 |
| csc() | 余割 | | |

表 A-2  指数函数

| 函 数 名 | 含 义 | 函 数 名 | 含 义 |
|---|---|---|---|
| exp() | 自然指数 | log10() | 以 10 为底的对数 |
| log() | 自然对数 | sqrt() | 平方根 |
| log2() | 以 2 为底的对数 | | |

表 A-3  复数函数

| 函 数 名 | 含 义 | 函 数 名 | 含 义 |
|---|---|---|---|
| abs() | 绝对值(求模) | imag() | 虚部 |
| angle() | 相角 | real() | 实部 |
| conj() | 共轭 | isreal() | 判断是否为实数 |

表 A-4  数值函数

| 函 数 名 | 含 义 | 函 数 名 | 含 义 |
|---|---|---|---|
| fix() | 朝零方向取整 | mod() | 取余 |
| floor() | 朝负无穷方向取整 | rem() | 取余(两数符号不同时与 mod 不同) |
| ceil() | 朝正无穷方向取整 | sign() | 符号函数 |
| round() | 朝最近的整数取整(四舍五入) | | |

表 A-5  基本矩阵和向量

| 函 数 名 | 含 义 | 函 数 名 | 含 义 |
|---|---|---|---|
| zeros() | 生成零矩阵 | randn | 生成正态分布的随机矩阵 |
| ones | 生成全 1 矩阵 | linspace | 生成线性间隔的向量 |
| eye | 生成单位矩阵 | logspace | 生成对数间隔的向量 |
| rand | 生成均匀分布的随机矩阵 | meshgrid | 三维图形的 x 和 y 数组 |
| cross | 向量的矢量积 | dot | 向量的点积 |

表 A-6  二维图形函数

| 函 数 名 | 含 义 | 函 数 名 | 含 义 |
|---|---|---|---|
| plot | 线性坐标图 | semilogy | 半对数坐标图（y 轴为对数坐标） |
| loglog | 对数坐标图 | fill | 二维多边形填充图 |
| semilogx | 半对数坐标图（x 轴为对数坐标） | stem | 线性离散图 |
| polar | 极坐标图 | bar | 柱状图 |
| stairs | 阶梯图 | hist | 直方图 |
| rose | 角度直方图 | errorbar | 误差柱状图 |
| compass | 区域图 | feather | 箭头图 |
| fplot | 绘图函数 | quiver | 变化方向图 |

表 A-7  图形注释

| 函 数 名 | 含 义 | 函 数 名 | 含 义 |
|---|---|---|---|
| title | 图形标题 | text | 文本注释 |
| xlabel | x 轴标记 | gtext | 用鼠标放置文本 |
| ylabel | y 轴标记 | grid | 网格线 |

表 A-8  声音操作

| 函 数 名 | 含 义 | 函 数 名 | 含 义 |
|---|---|---|---|
| wavread | 读 .wav 声音文件数据 | auread | 读 .au 声音文件数据 |
| wavwrite | 将数据保存为 .wav 文件 | auwrite | 将数据保存为 .au 文件 |
| wavplay | 播放声音 | sound | 将矢量以声音播放，播放 −1~1 的数据 |
| soundsc | 将矢量以声音播放，播放声音尽可能地大 | wavrecord | 声音录制 |

表 A-9  图像读/写

| 函 数 名 | 含 义 | 函 数 名 | 含 义 |
|---|---|---|---|
| imread | 读图像数据 | imwrite | 将数据保存为图像 |
| image | 将矩阵显示成图像 | imshow | 显示图像 |

# 附录 B MATLAB 信号处理工具箱函数

MATLAB 处理工具箱函数如表 B-1 所示。

表 B-1 MATLAB 信号处理工具箱函数

| 分　类 | 函　数　名 | 功　能　说　明 |
|---|---|---|
| 滤波器分析 | abs( ) | 取绝对值(模) |
| | angle( ) | 取相角 |
| | freqs( ) | 模拟滤波器的频率响应 |
| | freqspace( ) | 频率响应中的频率间隔 |
| | freqz( ) | 数字滤波器的频率响应 |
| | freqzplot( ) | 频率响应图形的绘制 |
| | grpdelay( ) | 计算滤波器的群时延 |
| | impz( ) | 数字滤波器的单位脉冲响应 |
| | unwrap( ) | 修正相位,使其范围不限于$(-\pi,\pi)$ |
| | zplane( ) | 绘制滤波器的零点、极点分布图 |
| 滤波器实现 | conv( ) | 卷积 |
| | conv2( ) | 二维卷积 |
| | deconv( ) | 反卷积 |
| | fftfilt( ) | 用 FFT 实现重叠相加法滤波 |
| | filter( ) | 一维数字滤波 |
| | filter2( ) | 二维数字滤波 |
| | filtfilt( ) | 零相位数字滤波 |
| | filtic( ) | 确定实现直接 II 型 IIR 数字滤波器的初始条件 |
| | latcfilt( ) | 滤波器的格型结构 |
| | medfilt1( ) | 一维中值滤波 |
| | sgolayfilt( ) | Savitzky-Golay 滤波 |
| | sosfilt( ) | 二阶节数字滤波器 |
| FIR 滤波器设计 | convmtx( ) | 卷积矩阵 |
| | cremez( ) | 用复非线性相位等纹波设计 FIR 滤波器 |
| | fir1( ) | 用窗函数法设计 FIR 数字滤波器 |
| | fir2( ) | 用频率采样设计 FIR 数字滤波器 |

续表

| 分　类 | 函　数　名 | 功能说明 |
|---|---|---|
| FIR 滤波器设计 | fircls() | 用约束平方设计 FIR 数字滤波器 |
| | fircls1() | 用约束平方设计 FIR 数字低通和高通滤波器 |
| | firls() | 用最小平方误差线性相位设计 FIR 数字滤波器 |
| | firrcos() | 用升余弦窗函数法设计 FIR 滤波器 |
| | intfilt() | 用插值抽取设计 FIR 滤波器 |
| | kaiserord() | 用 Kaiser 窗函数法设计 FIR 滤波器的阶数估计 |
| | firpm(remez)() | 用等波纹优化设计 FIR 滤波器 |
| | firpmord(remezord)() | 用等波纹优化设计 FIR 滤波器的阶数估计 |
| | sgolay() | 用 Savitzk-Golay 设计 FIR 平滑滤波器 |
| IIR 滤波器设计 | butter() | 巴特沃兹滤波器 |
| | buttord() | 巴特沃兹滤波器阶数估计 |
| | cheby1() | 切比雪夫 I 型滤波器 |
| | cheb1ord() | 切比雪夫 I 型滤波器阶数估计 |
| | cheby2() | 切比雪夫 II 型滤波器 |
| | cheb2ord() | 切比雪夫 II 型滤波器阶数估计 |
| | ellip() | 椭圆滤波器 |
| | ellipord() | 椭圆滤波器阶数估计 |
| | maxflat() | 最平坦巴特沃兹低通滤波器的设计 |
| | prony() | 用 Prony 法时域设计 IIR 滤波器 |
| | stmcb() | 用 Steiglitz-McBride 迭代法计算线性模型 |
| | yulewalk() | 设计 Yule-Walk 滤波器 |
| 归一化模拟低通滤波器 | besselap() | 贝塞尔归一化模拟低通滤波器 |
| | buttap() | 巴特沃兹归一化模拟低通滤波器 |
| | cheb1ap() | 切比雪夫 I 型归一化模拟低通滤波器 |
| | cheb2ap() | 切比雪夫 II 型归一化模拟低通滤波器 |
| | ellipap() | 椭圆型归一化模拟低通滤波器 |
| 模拟频率变换 | lp2bp() | 低通到带通模拟滤波器频率变换 |
| | lp2bs() | 低通到带阻模拟滤波器频率变换 |
| | lp2hp() | 低通到高通模拟滤波器频率变换 |
| | lp2lp() | 低通到低通模拟滤波器频率变换（截止频率不同）|
| 滤波器离散化 | bilinear() | 模拟到数字滤波器的双线性变换法 |
| | impinvar() | 模拟到数字滤波器的脉冲响应不变法 |

续表

| 分　类 | 函　数　名 | 功　能　说　明 |
|---|---|---|
| 线性系统变换 | latc2tf() | 将格型滤波器形式转换为系统函数形式 |
| | polystab() | 使多项式稳定,将单位圆外极点映射到单位圆内 |
| | polyscale() | 多项式根规格化 |
| | residuez() | Z 变换部分分式展开 |
| | sos2ss() | 将二阶级联形式转换为状态空间形式 |
| | sos2tf() | 将二阶级联形式转换为系统函数形式 |
| | sos2zp() | 将二阶级联形式转换为零点、极点增益形式 |
| | ss2sos() | 将状态空间形式转换为二阶级联形式 |
| | ss2tf() | 将状态空间形式转换为系统函数形式 |
| | ss2zp() | 将状态空间形式转换为零点、极点增益形式 |
| | tf2latc() | 将系统函数形式转换为格型滤波器形式 |
| | tf2sos() | 将系统函数形式转换为二阶级联形式 |
| | tf2ss() | 将系统函数形式转换为状态空间形式 |
| | tf2zp() | 将系统函数形式转换为零点、极点增益形式 |
| | zp2sos() | 将零点、极点增益形式转换为二阶级联形式 |
| | zp2ss() | 将零点、极点增益形式转换为状态空间形式 |
| | zp2tf() | 将零点、极点增益形式转换为系统函数形式 |
| 窗函数 | barthannwin() | 修正巴特列特-汉宁窗函数 |
| | bartlett() | 巴特列特窗函数 |
| | blackman() | 布莱克曼窗函数 |
| | blackmanharris() | Blackman-Harris 窗函数 |
| | bohmanwin() | Bohman 窗函数 |
| | chebwin() | 切比雪夫窗函数 |
| | gausswin() | 高斯窗函数 |
| | hamming() | 汉明窗函数 |
| | hanning() | 汉宁窗函数 |
| | kaiser() | 凯泽窗函数 |
| | nuttallwin() | Nuttall 窗函数 |
| | rectwin(boxcar)() | 矩形窗函数 |
| | triang() | 三角窗函数 |
| | tukeywin() | 圆锥余弦窗函数 |
| | window() | 引入窗函数 |

| 分　类 | 函　数　名 | 功　能　说　明 |
|---|---|---|
| 常用变换 | bitrevorder() | 将输入变成倒码排列 |
| | czt() | 线性调频 $Z$ 变换 |
| | dct() | 离散余弦变换 |
| | dftmtx() | 离散傅里叶变换矩阵 |
| | fft() | 快速傅里叶变换 |
| | fft2() | 二维快速傅里叶变换 |
| | fftshift() | 重排快速傅里叶变换输出,使 0 在中间位置 |
| | goertzel() | 计算离散傅里叶变换的 Goertzel 算法 |
| | hilbert() | 希尔伯特变换 |
| | idct() | 离散余弦反变换 |
| | ifft() | 快速傅里叶反变换 |
| | ifft2() | 二维快速傅里叶反变换 |
| | dct2() | 二维离散余弦变换 |
| | idct2() | 二维离散余弦反变换 |
| 倒谱分析 | cceps() | 复倒谱变换 |
| | icceps() | 复倒谱反变换 |
| | rceps() | 实倒谱和最小相位重建 |
| 统计信号处理和谱分析 | cohere() | 相关函数平方幅值估计 |
| | corrcoef() | 相关系数矩阵 |
| | corrmtx() | 自相关矩阵 |
| | cov() | 协方差矩阵 |
| | csd() | 互相关谱密度 |
| | pburg() | Burg 方法功率谱估计 |
| | pcov() | 协方差方法功率谱估计 |
| | peig() | 特征向量法功率谱估计 |
| | periodogram() | 周期谱图方法功率谱估计 |
| | pmcov() | 修正协方差方法功率谱估计 |
| | pmtm() | MTM 方法功率谱估计 |
| | pmusic() | Music 方法功率谱估计 |
| | psdplot() | 绘制功率谱密度数据 |
| | pwelch() | Welch 方法功率谱估计 |
| | pyulear() | 耶鲁-沃克 AR 模型功率谱估计 |

续表

| 分　类 | 函　数　名 | 功　能　说　明 |
|---|---|---|
| 统计信号处理和谱分析 | rooteig() | 特征向量法作正弦频率功率谱估计 |
| | rootmusic() | Music 法作正弦频率功率谱估计 |
| | tfe() | 从输入和输出数据估计系统函数 |
| | xcorr() | 互相关函数估计 |
| | xcorr2() | 二维互相关函数估计 |
| | xcov() | 协方差函数估计 |
| 参数建模 | arburg() | 由 Burg 方法估计 AR 模型参数 |
| | arcov() | 由协方差法估计 AR 模型参数 |
| | armcov() | 由修正协方差法估计 AR 模型参数 |
| | aryule() | 由耶鲁-沃克方法估计 AR 模型参数 |
| | ident() | 参看系统辨识工具箱 |
| | invfreqs() | 由频率响应辨识模拟滤波器参数 |
| | invfreqz() | 由频率响应辨识数字滤波器参数 |
| | prony() | 由 Prong 法的时域设计 IIR 滤波器 |
| | stmcb() | 由 Steiglitz-McBride 迭代法求线性模型 |
| 线性预测 | ac2poly() | 将自相关序列转换为预测多项式 |
| | ac2rc() | 将自相关序列转换为反射系数 |
| | is2rc() | 将反正弦参数转换为反射系数 |
| | lar2rc() | 将对数区域比参数转换为反射系数 |
| | levinson() | Levinson-Durbin 算法 |
| | lpc() | 计算线性预测系数 |
| | lsf2poly() | 将线谱频率转换为预测滤波器系数 |
| | poly2ac() | 将预测多项式转换为自相关序列 |
| | poly2lsf() | 将预测多项式转换为线谱频率 |
| | poly2rc() | 将预测多项式转换为反射系数 |
| | rc2ac() | 将反射系数转换为自相关序列 |
| | rc2is() | 将反射系数转换为反正弦参数 |
| | rc2lar() | 将反射系数转换为对数区域比参数 |
| | rc2poly() | 将反射系数转换为预测多项式 |
| | rlevinson() | 由预测系数和误差求自相关系数 |
| | schurrc() | 由自相关序列计算反射系数的 Schur 算法 |

| 分　类 | 函　数　名 | 功　能　说　明 |
|---|---|---|
| 多采样频率数字信号处理 | decimate() | 整数抽取 |
| | downsample() | 抽取输入信号 |
| | interp() | 整数插值 |
| | interp1() | 一维数据插值(查表法) |
| | resample() | 任意分式采样频率转换 |
| | spline() | 三次样条内插 |
| | upfirdn() | 先内插,再 FIR 滤波,后抽取 |
| | upsample() | 内插输入信号 |
| 图形用户界面 | fdatool() | 滤波器分析设计工具 |
| | fvtool() | 滤波器可视化工具 |
| | sptool() | 交互式数字信号处理工具 |
| 波形产生 | chirp() | 产生频率扫描余弦 |
| | diric() | Dirichlet(周期 sinc)函数 |
| | gauspuls() | 产生高斯调制正弦脉冲 |
| | gmonopuls() | 产生高斯单脉冲 |
| | pulstran() | 产生脉冲串 |
| | rectpuls() | 产生采样的非周期方波 |
| | sawtooth() | 锯齿波 |
| | sinc() | sinc 函数 |
| | square() | 方波函数 |
| | tripuls() | 产生采样的非周期三角波 |
| | vco() | 压控振荡器 |
| 专门的运算 | buffer() | 把一个矢量缓冲到数据帧的矩阵中 |
| | cell2sos() | 将单元阵列转换为二阶级联矩阵 |
| | cplxpair() | 把一组复数变为复共轭对 |
| | demod() | 解调 |
| | dpass() | 离散扩展球形序列(Slpian 序列) |
| | dpassclear() | 从数据库中去除离散扩展球形序列 |
| | dpssdir() | 离散扩展球形序列数据库子目录 |
| | dpssload() | 从数据库中下载离散扩展球形子序列 |
| | dpsssave() | 向数据库写入离散扩展球形序列 |
| | eqtflength() | 使离散时间系统函数分子、分母等长 |

续表

| 分　类 | 函　数　名 | 功　能　说　明 |
|---|---|---|
| 专门的运算 | modulate() | 调制 |
| | seqperiod() | 计算序列的周期 |
| | sos2cell() | 将二阶级联矩阵转换为单元阵列 |
| | specgram() | 时-频分析 |
| | stem() | 绘制离散时间序列 |
| | strips() | 绘制条形图 |
| | udecode() | 将输入的二进制码量化的整数变成浮点数 |
| | uencode() | 将输入的浮点数量化并编码成二进制码整数 |

# 参 考 文 献

[1] 李永全,杨顺辽,孙祥娥. 数字信号处理[M]. 武汉:华中科技大学出版社,2011.

[2] 杨顺辽,李永全. 数字信号处理实现与实践[M]. 武汉:华中科技大学出版社,2011.

[3] 英格尔 V K,普罗克斯 J G. 数字信号处理及其 Matlab 实现[M]. 2 版. 陈怀琛,译. 北京:电子工业出版社,2008.

[4] 奥法尼德斯 S J. 信号处理导论[M]. 影印版. 北京:清华大学出版社,1998.

[5] 米特拉 S K. 数字信号处理——基于计算机的方法[M]. 2 版.孙洪,余翔宇,等,译. 北京:电子工业出版社,2005.

[6] 奥本海姆 A V,谢弗 R W. 数字信号处理[M]. 董士嘉,译. 北京:科学出版社,1981.

[7] 海因斯 M H. 全美经典学习指导系列——数字信号处理[M]. 张建华,卓力,张延华,译. 北京:科学出版社,2002.

[8] 普罗奇斯 J G,等. 数字信号处理:原理、算法与应用[M]. 张晓林,译. 北京:电子工业出版社,2004.

[9] 胡广书. 数字信号处理:理论、算法与实现[M]. 北京:清华大学出版社,1997.

[10] 程佩青. 数字信号处理教程[M]. 北京:清华大学出版社,2007.

[11] 刘益成,孙祥娥. 数字信号处理[M]. 2 版. 北京:电子工业出版社,2009.

[12] 靳希,杨尔滨,赵玲. 信号处理原理与应用[M]. 2 版. 北京:清华大学出版社,2008.

[13] 姚天任,江太辉. 数字信号处理[M]. 3 版. 武汉:华中科技大学出版社,2007.

[14] 沈再阳. 精通 Matlab 信号处理[M]. 北京:清华大学出版社,2015.

[15] 陈亚勇,等. Matlab 信号处理详解[M]. 北京:人民邮电出版社,2001.

[16] 张延华,姚林泉,郭玮. 数字信号处理:基础与应用[M]. 北京:机械工业出版社,2005.

[17] 丁玉美,高希全. 数字信号处理[M]. 西安:西安电子科技大学出版社,1995.

[18] 楼顺天,刘小东,李博菡. 基于 Matlab 7.x 的系统分析与设计:信号处理[M]. 2 版. 西安:西安电子科技大学出版社,2005.

[19] 余成波,陶红艳,杨菁,等. 数字信号处理及 Matlab 实现[M]. 2 版. 北京:清华大学出版社,2007.

[20] 薛年喜. Matlab 在数字信号处理中的应用[M]. 2 版. 北京:清华大学出版社,2008.

[21] 周辉,董正宏. 数字信号处理基础及 Matlab 实现[M]. 北京:中国林业出版社,北京:希望电子出版社,2006.

[22] 陈怀琛. 数字信号处理教程:Matlab 释义与实现[M]. 2 版. 北京:电子工业出版社,2008.

[23] 丛玉良,王宏志. 数字信号处理原理及其 Matlab 实现[M]. 北京:电子工业出版社,2005.

[24] 胡航. 语音信号处理[M].3 版. 哈尔滨:哈尔滨工业大学出版社,2005.

[25] 姚天任. 数字语音处理[M]. 武汉:华中科技大学出版社,2002.

[26] 章毓晋. 图像工程(上册)[M].2 版. 北京:清华大学出版社,2006.

[27] 章毓晋. 图像工程(下册)[M].2 版. 北京:清华大学出版社,2006.

[28] 阮秋琦.数字图像处理学[M].2 版.北京:电子工业出版社,2007.